Introduction

Des premiers flocons de l'hiver aux dernières feuilles de l'automne

Toutes les planètes de notre galaxie qui gravitent autour du soleil, accomplissent leur ronde en un temps qui leur est propre. Par exemple: Mercure en 3 mois (terrestres), Vénus en 224,7 jours (terrestres), Mars en 23 mois (terrestres), Jupiter en 11,86 années (terrestres), etc.; et notre bonne vieille Terre, « coincée » entre Vénus et Mars, en 365,2 jours.

Toutes, par l'inclinaison de leur axe rotationnel et leur phase sidérale, connaissent des variations périodiques dans leur climat. C'est dire qu'à son tour, notre planète qui nous porte – ou nous supporte! – subit également, au cours de sa course annuelle, ces cycles que l'homme a appelés « saisons », au nombre de quatre. Il ne s'agit pas d'une vue de l'esprit ou d'une classification purement arbitraire, mais d'une loi naturelle, dictée par la vie elle-même, qu'elle soit animale ou végétale.

À l'hiver, correspond une période de grand froid, de chutes de neige, d'hibernation pour certains animaux.

Au printemps, la vie renaît: fleurs, bougeons, réveil de certaines espèces (ours, marmottes...), retour des oiseaux migrateurs.

À l'été, la Terre (l'hémisphère concernée) vit intensément: chaleur, exubérance de la végétation, activités humaines.

À l'automne, notre planète organise son grand sommeil: préparation à l'hibernation chez certaines espèces, les oiseaux migrateurs désertent, les forêts de hêtres perdent leurs feuilles. La Terre s'apprête à sombrer dans une grande léthargie.

Et le cycle recommence, cela depuis 4,6 milliards d'années! Plus que tous les autres phénomènes naturels, les saisons régissent notre vie et la physionomie de la nature. Elles sont omniprésentes dans tous les domaines. Elles ont guidé, inspiré des artistes de toutes disciplines. Certains peintres en ont fait leur thème préféré; certains poètes les ont chantées; certains compositeurs les ont mises en symphonies ou en concertos! D'Antonio Vivaldi – l'homme aux 600 concertos –, il vient tout d'abord à l'esprit le célèbre concerto pour cordes *Les Quatre Saisons.*

Et les Pyrénées... aux quatre saisons? Voilà un passionnant programme pour un montagnard sensible à leur beauté, curieux de leurs variétés, avide de les parcourir sous quelque cieux que ce soit. Ces périodes de l'année quadruplent le plaisir de les arpenter et de les gravir, quadruplent leur intérêt, leurs paysages, l'émotion de les découvrir sous des jours nouveaux et toujours différents, au point que, d'une saison à une autre, elles sont méconnaissables, et donc nouvelles, comme inconnues! Si bien qu'on pourrait affirmer qu'il n'y a pas une, mais quatre chaînes pyrénéennes!

Prenons pour exemple l'ascension du Vignemale à chacune des quatre saisons. Cet exemple bien précis illustrera, mieux que toute dissertation sur ce sujet, ces métamorphoses. *« Un court sonnet bien fait, vaut mieux qu'un long poème »* (Boileau). En avant, donc, pour ce « court sonnet », en l'occurrence l'ascension du pic du Vignemale (3 298 m).

CI-CONTRE
La sublime face nord du Vignemale, lorsque la neige la recouvre de haut en bas, de telle sorte qu'il ne reste que du blanc et du noir sous un formidable ciel bleu.

Hiver au Vignemale

DEPUIS PLUSIEURS JOURS, avec mélancolie et abondance, les flocons de neige flottent, virevoltent. Parfois, sous les bourrasques du vent, ils recouvrent rapidement tout être et toute chose. Les Pyrénées, comme sous une couche géante de ouate, ne sont que pics, crêtes et vallons immaculés.

24 décembre : l'ascension du Vignemale ! Une façon de fêter Noël, originale, exceptionnelle, sportive, riche en bonheur. La longue marche démarre du Pont d'Espagne, par Cauterets. Skis ou raquettes aux pieds, la montée débute par un bois de sapins dont les branches ploient sous le poids de l'abondante neige.

Lac de Gaube entièrement glacé, immense étendue triste comme la mort. Certains montagnards – téméraires ou inconscients – le traversent en son milieu malgré son gel récent. Au-delà, le froid a tempéré la fougue du gave des Oulettes, a calmé les grondements habituels des cascades d'Esplumouse et plus haut, de Darré-Splumouse.

À 2151 m d'altitude, le refuge des Oulettes, silhouette massive mais pourtant élégante, marque l'entrée du cirque des Oulettes de Gaube barré par la terrifiante face nord du Vignemale. Le soleil, trop bas du levant jusqu'au couchant, ne peut y infiltrer ses plus minces rayons, durant de longs mois. Paysage fait de neige, de glace, où la tristesse engendre le sublime et l'émotion.

15 heures. La lumière diurne décline ; il faut hâter le pas pour attaquer la montée à la Hourquette d'Ossoue (2734 m). Les skis crissent sur les cristaux, les raquettes craquent sur la poudreuse. Pas après pas, avec obstination. *« C'est parce qu'on imagine tous les pas qu'on devra faire qu'on se décourage, alors qu'il s'agit de les aligner un à un »* (Marcel Jouhandeau, écrivain français, 1888-1979).

L'ombre, l'atmosphère glaciale, les premières lueurs du crépuscule… La frontale serait indispensable si le refuge de Baysselance (2651 m) n'était pas à quelque vingt minutes du col. Refuge de béton et de pierres, désert, silencieux, froid et triste comme une tombe, mais pourtant apprécié à cette heure et à cette altitude. Un repas vite expédié, à la lueur d'une bougie fichée sur le goulot d'une bouteille vide abandonnée sur une table.

CI-CONTRE

Déjà, à une heure du départ, le paysage devient magique, avec le lac de Gaube dont on longe la berge.

Seul un survol, en petit avion, peut montrer la magnificence de cette montagne en la révélant dans sa totalité et au milieu de son environnement. Cette longue plage de neige immaculée ? C'est le glacier d'Ossoue. Le sommet, en haut et à droite ? La pointe même du Vignemale. (Photo aérienne ; pilote : Éric Soulé de Lafont)

Une nuit de sommeil agité, sans trop en comprendre la cause. Puis, alors que mille étoiles piquent encore le ciel profond et noir, frontale sur le gros bonnet de laine qui couvre la tête jusqu'aux oreilles, doudoune, gants, les montagnards reprennent leur marche. Nul bruit, nul son, nul écho ; le froid et la nuit étouffent toute vie. Seul le crissement des skis ou des raquettes qu'il faudra peut-être ôter plus haut, pour chausser les crampons. La traversée à l'aplomb des murailles du Petit Vignemale inquiète par la raideur de la pente. Au retour, avec le soleil, une autre crainte naîtra du risque d'une avalanche.

Et c'est la longue montée, rectiligne sur le glacier d'Ossoue, d'apparence sans fin. Toujours un pas, puis un autre ; des centaines, puis des milliers. *« L'homme se découvre lorsqu'il se mesure avec l'obstacle »* (Saint-Exupéry).

Puis, tout en haut du champ immaculé que l'aube naissante blanchit, une courte ascension, assez raide, débouche au faîte du pic : le Grand Vignemale, sommet du quatrième massif des Pyrénées.

La cordée demeure abasourdie devant l'immensité, devant cet océan de pointes, d'arêtes rosissant sous les premières lueurs du jour. La nuit noircit encore les lointaines et profondes vallées. À l'est, les crêtes de Gavarnie jaunissent, puis se colorent de pourpre et de sang. Au nord, l'horizon se calfeutre sous la brume de l'aurore. À l'ouest, l'Ossau à la double pointe s'élève au-dessus des nuées, comme la gueule d'un dauphin bondissant hors de l'eau.

La nuit terrestre a engendré un monde nouveau, pur, fait de clarté, de reflets, de teintes, de lumières et de formes fantasques. Émotions juvéniles, puériles ? Les montagnards savourent ces instants de bonheur indescriptible qu'ils sont les seuls – les seuls – à goûter pleinement à plus de 3 000 m d'altitude. Quel panorama ! Grandiose ! Unique ! Quelques noms : Mont-Perdu, Pic Long, Néouvielle, pic

Tour à tour, le vent, le soleil, le gel nocturne ont donné au glacier d'Ossoue l'apparence d'un miroir.

du Midi d'Ossau, Ger, Balaïtous, Enfer, Cambalès, Tendeñera… Il est impossible de tous les citer.

L'équipe resterait là plus longtemps si… le froid intense ne devenait insupportable, malgré la doudoune au capuchon, malgré le gros bonnet qui coiffe la tête jusqu'au nez, et malgré les moufles. La brise se lève, encore plus glaciale. Il faut redescendre, après cette station immobile et paralysante ; station de quelques minutes ou d'une heure ? On ne se souvient plus ; le temps, ici, n'existe pas. Ces moments de grâce justifient-ils les deux jours de marche harassante ? La joie, l'enthousiasme sont dans l'action. Dès le premier pas d'hier matin jusqu'au dernier de ce soir, le plaisir fut et sera continu. L'extase du sommet n'était pas le but unique, mais la récompense suprême de cette dure et longue ascension. *« La montagne, c'est le haut lieu du bonheur »* (Russell).

Printemps au Vignemale

Et puis… Et puis, le Pyrénéen assidu, mois après mois, enfin semaine après semaine, sent que la nature évolue. De l'immobilisme dans lequel le froid l'avait paralysée, elle semble se secouer, se réveiller : le printemps est là !

Alors, progressivement, presque instinctivement, le montagnard envisage des ascensions de plus en plus élevées et lointaines. Si la neige couvre encore les massifs, ce n'est que partiellement et sa fermeté fait que la marche y est grandement facilitée. Les versants exposés au sud et à l'ouest se dégarnissent peu à peu, laissant apparaître les pentes gazonnées ou rocailleuses. Les jours allongent. Alors, on pense à parcourir à nouveau la haute montagne sous toutes ses formes.

Mais le Vignemale attire, le Vignemale fascine. Un peu comme cet homme, d'après un conte oriental, qui, charmé par un rossignol, abandonne tout pour le suivre durant sa vie entière.

Le Vignemale ! Aux premiers jours de juin, il est plus magique que jamais. Il faut le gravir à nouveau, mais cette fois par un autre itinéraire, ce qui nous le fera découvrir sous une face différente.

Par Gavarnie et la vallée d'Ossoue où la route, puis la piste (si elle n'est pas barrée par des coulées de neige) nous dépose aux abords du barrage d'Ossoue, modeste retenue d'eau des torrents qui dégringolent justement de ce massif. Cette richesse et cette force hydrauliques, par conduites d'acier, sont dirigées sur l'usine de Pragnères dont les turbines ronflent aussi sous la « houille blanche » des lacs du Néouvielle. Captages démesurés, gigantesques.

Vite, sac sur le dos, pour aller nous percher sur le faîte du grand pic. Le bon chemin du Parc national fait de cette ascension une paisible balade (si ce n'était la lourdeur de la charge sur les épaules !), du moins durant les premières heures. Vers 2 000 m, il entaille le versant très raide surplombant une belle cascade qui gronde au fond d'une gorge. Passage dangereux, raisonnablement impossible en hiver. Quelques grands montagnards, pourtant chevronnés, s'y sont fait peur, certains y ont péri par des glissades fatales sur la neige dure comme de la glace.

Vers 2 400 m, quelques névés éparpillés couvrent le versant. Deux trous béaient dans la falaise. Ce sont deux courtes galeries artificielles que le comte Russell fit creuser là, en 1888, et qu'il baptisa « grottes Bellevue ». Elles peuvent encore servir d'abris ; et nous y avons parfois dormi.

Tout le Vignemale, dans sa majesté, dans sa magnificence, nous domine ; il nous accueille sans aucune animosité. Son ascension ne présente aucune difficulté, du moins pour le montagnard expérimenté.

À 2 550 m, nous reconnaissons le passage emprunté au cours de l'hiver précédent, alors que nous démarrions du refuge de Bayssellance où nous avions passé la nuit. Exposé largement à l'est, à la pleine lumière et à la pleine chaleur, ce versant se libère de la neige hivernale au point que le terrain calcaire et lapiazé laisse voir ses failles et ses puits naturels. Un champ d'action pour les spéléologues, prometteur en découvertes ? L'avenir le révélera peut-être un jour. Déjà, dès 1970, deux camps d'été y furent menés par la CSDL (Cordée spéléologique du Languedoc), et j'eus le plaisir d'y participer. Vingt-trois gouffres furent répertoriés et explorés. Malheureusement, aucun ne donna de bons résultats ; quelques « – 50 », « – 80 » et un « – 108 » pour le plus profond.

Lentement, au-delà des bornes de la terre, le soleil disparaît derrière l'horizon vaporeux. Quel spectacle ! On n'est plus sur terre ; on n'est pas tout à fait au ciel. On évolue, on flotte entre terre et ciel…

Au sommet du Grand Vignemale (3 298 m). Quelques pierres entassées en rond pour se protéger de la brise nocturne… puis c'est la longue attente jusqu'au lever du soleil.

Nous montons toujours, pas après pas, comme lors de la course hivernale, mesurant notre allure pour moduler l'effort cardiaque et la respiration. La blancheur éblouissante du glacier, que couvrent encore les dernières neiges, et malgré la basse température, brûle le visage et les yeux. Crampons aux pieds et encordés, car en cette saison la faible épaisseur de la neige, si elle cache des crevasses, n'en demeure pas moins diabolique. Tous ceux qui ont sombré dans ces abîmes de glace ne s'étaient pas encordés, parce qu'ils étaient… certains de ne pas y tomber !

Voici la partie haute, amont du glacier d'Ossoue, dominée et barrée par une haute muraille. Trois porches, ou plutôt trois ouvertures, percent la roche. Ce sont encore d'autres grottes que Russell appela ses « villas », creusées à partir de 1882 (travaux échelonnés sur quatre années). L'une était destinée aux dames, l'autre aux messieurs et la troisième aux guides !

Le sommet est tout proche. L'escalade finale, méconnaissable aujourd'hui sous le soleil, demande pourtant une certaine attention à cause des gravillons qui glissent sous les chaussures, alors qu'en hiver la neige assurait chaque pas. Juste avant la cime, à quelques mètres… encore une entrée de grotte ! C'est la « grotte Paradis » ; elle mérite bien son nom. Si elle me servit de « chambre à coucher » durant deux nuits de suite, je lui préfère le sol rocheux, dur et inconfortable du sommet… la tête dans les étoiles. Le grand Russell, lui, passa 150 nuits sur ces hauteurs. Une fois, pour une séance de trois jours, il monta, aidé par des porteurs, 80 kg de vivres et de bagages ! Il lui arrivait, parfois, d'avoir des projets pour le moins originaux : *« Il serait bon de constater, une fois pour toutes, s'il est vrai que les chats ont des attaques de nerfs à 3 000 mètres ? On l'a dit bien souvent. J'installerai peut-être une ménagerie là-haut ! Les poules pondent-elles à cette hauteur ? Les coqs chantent-ils ? Ou deviennent-ils poussifs ? »* Sans commentaire !

Il aima tant « son » Vignemale qu'il acheta la montagne ; ou plutôt qu'il la loua pour 99 ans !

Enfin, nous émergeons au sommet. La même magie qu'en décembre – la même –, mais avec plus de lumières et des formes nouvelles. Ce ne sont plus les images himalayennes de l'hiver, mais une harmonie de massifs, de sommets et de crêtes jusqu'aux limites de l'horizon.

Nous déposons nos sacs sur le sol qui, malgré l'altitude, mais surtout grâce à son exposition plein ciel, ne conserve aucune trace de neige. Après des heures de contemplation et de rêverie silencieuses, le jour décline… mais nous ne bougeons pas ! C'est que nous avons prévu de bivouaquer là, à 3 298 m. Extravagance ? Originalité ? Non ! Simplement des heures de bonheur – toujours ce bon-

Le vénérable refuge de Baysselance, à 2 651 m d'altitude, le plus haut refuge gardé des Pyrénées. Un tout premier fut construit en 1899 et agrandi en 1938. Tout récemment (en 2001), de nouveaux travaux furent entrepris pour son entretien et sa restauration. Ici, le refuge avant sa remise en état.

heur quasi céleste – en assistant, en spectateurs privilégiés, au coucher et au lever du soleil dans un fantastique ballet de nuages et de lueurs fulgurantes de l'astre incandescent. Passer une nuit sur la pointe d'un pic est ravissement, extase.

Été au Vignemale

« LES BEAUX JOURS DE L'ÉTÉ », telle est l'expression couramment employée et qui laisserait supposer que les autres saisons n'offriraient que… de « mauvais jours » ! Quelle erreur ! La montagne est si belle et si variée, tout au long de l'année ! Ainsi, la vie serait-elle triste neuf mois sur douze ?

Reconnaissons toutefois, que la période estivale permet de nombreux projets d'ascensions et de randonnées par la longueur des journées et la disparition du manteau neigeux qui, bien souvent, interdit certains itinéraires. Avec l'été, il n'y a plus de limites ! Tout est permis, toutes les voies les plus folles sont réalisables, en fonction bien sûr de l'expérience, des dispositions physiques et techniques du montagnard. Il est en effet des itinéraires impraticables pour ceux qui ne possèdent pas l'expérience de l'escalade de très haut niveau. Mais… à chacun sa montagne.

Pour atteindre le sommet du Vignemale, j'ai dénombré 28 itinéraires (variantes comprises), du plus facile (par la vallée d'Ossoue) à l'extrêmement difficile (E.D.) de la « Voie Nord 1964 », magistralement ouverte les 19 et 20 juillet de l'année 1964 par Bernard Grenier et Jean et Pierre Ravier ; 500 m de murailles du vertige et 70 pitons pour la vaincre ! 28 itinéraires ? Il y en a sûrement davantage.

La course la plus abordable, mais aérienne, sportive et technique cependant, consiste à suivre l'arête reliant le Petit Vignemale (3 032 m) au Grand Vignemale. Cotée « A.D. inf. » (assez difficile inférieur), elle ne doit être entreprise toutefois que par des grimpeurs insensibles au vertige et possédant un minimum d'expérience. *« Pour le*

non initié aux cérémonies magiques de la montagne, pour le débutant timide, l'arête du Petit Vignemale – Grand Vignemale est une découverte brutale et merveilleuse de la montagne» (Patrice de Bellefon).

Les montagnards (au pluriel, car prévoir une telle escalade en solitaire ne serait pas raisonnable, mais au contraire très dangereux), les montagnards, donc, pourront choisir la vallée de Gaube pour la marche d'approche, ce même itinéraire suivi lors de l'ascension hivernale.

Traversés aujourd'hui sous le soleil d'août, les paysages de décembre seront méconnaissables et, par conséquent, nouveaux. La beauté du sous-bois et l'odeur des pins font oublier la raideur du chemin, si bien qu'après une heure de progression, l'équipe serait tentée de s'écrier: «Déjà!» en émergeant sur les berges du lac de Gaube.

Une légende tenace affirme qu'un couple d'amoureux, le jour de ses noces, pagayant sur une minuscule barque, loin des rives, aurait chaviré. À chaque anniversaire de son mariage, le promeneur silencieux qui arpente le bord peut entendre les cloches d'une église fantôme engloutie au fond des eaux...

Au-delà du lac, la face nord du Vignemale se dévoile progressivement pour exposer ses moindres replis dès sa base atteinte, les Oulettes de Gaube. À l'entrée de ce cirque, a été construit le refuge du CAF, imposante bâtisse, vrai et beau refuge dans le sens le plus montagnard du terme. Inauguré en 1964, il est l'un des plus grands et des plus confortables des Pyrénées.

Quelle impressionnante face nord! Une magnifique architecture minérale fendue, verticalement, sur 900 m, par le fameux couloir de Gaube; une course de glace légendaire menée à bien le 7 août 1889 par Henri Brulle, Bazillac, de Monts avec les guides Passet et Salles. De nombreuses voies ont été ouvertes de part et d'autre de ce couloir, sur cette face vertigineuse. *«La face nord de la Pique Longue (ou du Grand Vignemale), haute de 900 mètres, peut être considérée comme l'une des plus belles des Pyrénées. Elle n'oppose pas de difficulté supérieure à IV, mais la hauteur de la paroi, la nature calcaire du rocher, l'absence d'échappatoire – trois éléments qui y rendent le mauvais temps redoutable – en font une grande course. Elle est réservée aux grimpeurs expérimentés, ou conduits par d'excellents guides et, de toute façon, sérieusement entraînés à l'escalade. Cette ascension se déroule dans un cadre grandiose»* (Robert Ollivier).

Sur la gauche de cet ensemble, le glacier du Petit Vignemale, par la raideur de sa pente, semble défier les lois de l'équilibre et de la pesanteur. Juste au-dessus, la crête sommitale relie ce Petit Vignemale (à sa gauche) au Grand (à sa droite). C'est cette arête que les montagnards peuvent inscrire à leur programme.

CI-CONTRE

Depuis le Petit Vignemale (3032 m), l'arête aérienne se tortille et ondule en brèches, en cheminées, en fissures, en fil aigu jusqu'à la pointe finale du Grand Vignemale.

L'arête est aussi un extraordinaire belvédère, notamment vers la gauche (sud), sur le grand glacier d'Ossoue balafré de nombreuses et inquiétantes crevasses!

Perchés sur la cime du Petit Vignemale, la chevauchée aérienne commence. Une arête de calcaire solide, sûre, engendrant la confiance. Et quelle vue! À droite, sous les pieds, les précipices nord et le glacier vertical; à gauche, une exposition de montagnes. Les sommets de Gavarnie, de Troumouse, l'envoûtant massif de la Maladeta sont là, à portée de main ou plutôt de regard. On n'est plus sur terre; on évolue, on flotte entre ciel et terre. Les semelles «Vibram» semblent effleurer avec légèreté le fil de l'arête.

Cheminées, passages techniques de II, puis de III et aussi de III sup., courtes traversées où la corde est indispensable... Et c'est ainsi qu'après le col des Glaciers (2990 m), l'Épaule de la Pointe Chausenque (3138 m), cette Pointe (3204 mètres), le Piton Carré (3197 m), le sommet du Couloir de Gaube à la forme d'entonnoir, et l'ascension finale... c'est ainsi que la cordée pose le pied sur la cime du Grand Vignemale.

Le retour, bon enfant après cet exercice funambulesque sans filet, emprunte le glacier d'Ossoue (où il sera prudent de s'encorder) pour retomber au refuge de Baysselance, descendre sur les Oulettes de Gaube et retrouver la voiture, après une journée sportive bien remplie!

Automonne au Vignemale

Après les mois caniculaires de l'été, la neige a totalement disparu de la chaîne. Seuls subsistent quelques névés irréductibles, appelés poétiquement aux siècles précédents « les neiges éternelles », ainsi que les glaciers, aujourd'hui en régression régulière.

Bien qu'il s'agisse de variations climatiques, les médias se sont emparés de ce sujet très à la mode auprès du grand public, en parlant du réchauffement de la planète. On semble ignorer qu'à l'époque préhistorique, plus précisément au paléolithique (qui s'étend sur 200 000 ans, environ), quatre glaciations ont frigorifié notre vieille Terre (glaciations dites de Günz, de Mindel, de Riss et de Würm, des noms des quatre affluents du Danube).

Entre ces périodes, les glaciers marquèrent un retrait considérable, accompagné – ou plutôt causé – par un fort réchauffement accentué du climat. Certains préhistoriens, même, pour expliquer la présence de mégalithes (dolmens, menhirs et cromlechs), vieux de 4 000 ans, en altitude, parfois à près de 1 500 m, dénoncent une chaleur difficilement supportable dans les vallées. Ainsi, ces fluctuations climatiques seraient loin d'être catastrophiques, puisque répétées, cycliques.

Pierre René (du CNRS), un des spécialistes de l'étude des glaciers, et plus précisément ceux des Pyrénées, écrit: *« Entre 1550 et 1850, un léger refroidissement climatique se produit, il va affecter l'ensemble de la planète, mais à des degrés divers. En France, les températures sont de l'ordre de 0,6 °C inférieures aux actuelles températures dans le nord, et de 1 °C pour le sud. Depuis 150 ans environs, les glaciers des Pyrénées connaissent une forte régression puisque leur perte de superficie atteint 80 à 90 %. »*

Déjà, le réchauffement se faisait sentir à l'époque de Russell (1834-1909), époque où… le nucléaire n'était pas inventé ni soupçonné, où les usines rejetant des gaz dans l'atmosphère étaient des installations fort rares et surtout très modestes, où l'automobile n'encombrait pas les routes et où la population (pour ne parler que de la France) était à peine la moitié de l'actuelle. *« À la fin d'un été tropical, les glaciers étaient non seulement à nu, partout, mais disloqués et déchirés d'abîmes sans fond. Ils étaient d'un gris sale et bleuâtre, qui les faisait confondre avec la terre environnante. Ils avaient l'air malade, et une fusion de plusieurs mois en avait tant rongé la base qu'ils ne commençaient guère qu'à 3 000 mètres ! »* (Russell).

En 1882, Russell fit creuser une première grotte dans la falaise sommitale, tout en haut du glacier d'Ossoue. L'année suivante, il eut du mal à en atteindre l'entrée, le glacier étant descendu de plusieurs mètres (sic). En 1885, une autre grotte fut alors ouverte à un niveau plus bas (baptisée la « grotte des Guides »). Puis, en 1886, une troisième (la « grotte des Dames ») fut taillée encore au-dessous !

Ce petit chapitre « glaciaire », ci-dessus, n'a pas d'autre but que de matérialiser la diversité de nos Pyrénées et leurs phénomènes; plus précisément ici dans ce massif du Vignemale.

Cette quatrième ascension de l'année en apporte une preuve complémentaire. Nous reprenons encore l'approche par la vallée de Gaube, par les rives de son lac, pour marquer une pause aux Oulettes de Gaube, au pied même de la face nord, passant cette première nuit au refuge bâti sur ce site.

Cette première journée, auparavant, sera consacrée à circuler sur le glacier de Gaube et à en explorer ses crevasses. Autrefois, les crevasses faisaient peur. Aujourd'hui, elles intriguent et attirent la curiosité. Tous les passionnés de spéléologie, tous les amoureux de la nature et tous les aventuriers du froid peuvent se lancer dans l'exploration de ces failles glaciaires.

Le montagnard intéressé devra donc prospecter le glacier à la recherche de « la belle crevasse », un peu comme le spéléologue zigzague sur le lapiaz en quête « du grand gouffre ». Beaucoup d'entre elles n'offrent qu'une simple descente sur corde et s'achève en biseau, en fissure impénétrable.

Par son orientation au nord, le glacier de Gaube (dont la superficie est estimée à 18,5 ha) ne reçoit que rarement le soleil. Les crevasses craquellent sa masse en failles verticales, sans décors, sans concrétions de glace. En revanche, les murailles, largement ouvertes sur le ciel, brillent comme des miroirs et s'écartent sur une grande longueur. La descente à la corde dans ce milieu vertical, polaire, sauvage et austère, prend un caractère sportif, étrange et élégant à la fois.

La deuxième journée de l'ascension sera consacrée au glacier d'Ossoue (superficie estimée à 59 ha) que l'on gagne par le même itinéraire que celui emprunté en hiver. Ce glacier se fend de dizaines, voire de centaines de crevasses. Certes, rien d'immense, de colossal ou d'interminable comme les cavités en terrain calcaire qui se développent parfois sur des dizaines de kilomètres ! Ici, quelques dizaines de mètres seulement; mais quelle splendeur !

CI-CONTRE

Six ou sept mois après l'ascension hivernale, l'itinéraire est le même, certes, mais… quel changement d'ambiance !

« Contrairement à ce qui se fait, il est prudent de rester encordé sur le glacier, malgré son aspect débonnaire et l'exemple de nombreux alpinistes qui ne respectent pas cette règle. » (Patrice de Bellefon)

Jeune, je croyais alors à ces légendes, à ces exagérations quant à la profondeur de ces crevasses qu'on taxait d'insondables ! Quelle ne fut pas ma surprise de m'arrêter la plupart du temps à une vingtaine de mètres seulement, rarement à une trentaine de mètres, mais au beau milieu d'une vaste galerie au plancher irrégulier encombré de dalles de glace plates. Les parois s'écartaient et donnaient à ces lieux l'allure d'une belle avenue. Des stalactites fines ou lourdes, translucides, des stalagmites hautes et trapues, des rideaux, des cascades figées par le gel, des colonnes, des monuments composaient les décors de ces lieux rarement visités. La lueur de l'extérieur, tout proche pourtant, les rayons du soleil filtrés par la faille au fond de laquelle nous évoluions, engendraient sur les murailles des jeux de lumières et de couleurs, des gerbes de scintillements. Une véritable féerie…

Mais, il ne faut pas en rester là ; le grand Vignemale est à côté, à une portée de crampons ! Après son ascension (la quatrième de l'année !), terminons en beauté par un parcours à toute crête, autour du glacier, par cette crête sommitale qui le ceinture en partie, en hémicycle. Nous irons ainsi du pic du Clot de la Hount (3 289 m) jusqu'au Montferrat (3 219 m), en foulant au passage les pics de Cerbillona (3 247 m) et Central (3 235 m).

Sur notre gauche et sous nos pieds, plonge le glacier d'Ossoue qui, vu de ces hauteurs, expose toutes ses crevasses, impressionnantes et inquiétantes. Au-delà, encore plus au nord, la longue crête Petit Vignemale – Grand Vignemale le borde de ses puissantes falaises.

Vers l'est, se profilent les superbes « 3 000 » de Gavarnie et le massif imposant du Mont-Perdu (3 355 m). Vers le sud, c'est un moutonnement de sommets aragonais, colorés par cette nuance douce et pure propre à la lumière d'automne.

Cette progression à toute arête (facile) à pareille altitude clôturera magnifiquement cette longue course de deux jours où il n'y eut pas de place pour des temps de repos et d'insouciance !

Ainsi, durant toute une longue année, des premiers flocons de décembre aux dernières feuilles de novembre, le massif du Vignemale réserve-t-il de bien belles et captivantes excursions, des itinéraires variés s'insinuant aux plus sauvages de ses versants, des panoramas remarquables, des regards jusqu'à l'infini de l'horizon.

Mais, par ces quatre ascensions, sommes-nous sûrs de bien le connaître ? Nous n'en avons parcouru qu'une infime partie. Une autre année pourra être consacrée à suivre d'autres voies, comme, par exemple, celle dite « voie du prince de la Moscova », première ascension effectuée le 7 août 1838 par Lady Lister et une amie, accompagnées de deux guides, et renouvelée quatre jours plus tard par le prince de la Moscova, son frère Edgar Ney et leur domestique David, secondés par cinq guides.

Les voies (au nombre de vingt-huit, mais sûrement plus) ne manquent pas. Lorsque la neige interdit certains accès, ou bien en été, nous pourrons parfaire notre connaissance de cette montagne magique en composant des randonnées tout autour, par vallons et cols multiples, pour la dévisager sur toutes ses faces.

On le voit, ce massif du Vignemale est inépuisable.

Que dire alors de toute la chaîne des Pyrénées qui s'étire sur près de 480 km ? Leurs deux versants, nord et sud (français et espagnol), doublent en fait leur étendue, soit… 960 km !

Les quatre saisons de l'année, à leur tour, par la diversité de leur climat, dans ce cas, quadrupleraient-elles cette étendue, la portant alors à… 3 840 km ?

Il y a de quoi rêver. Norbert Casteret, le célèbre spéléologue, mais aussi montagnard, avait bien raison lorsqu'il écrivit : *« Pour bien connaître les Pyrénées, il faudrait vivre trois cents ans ; mais trois cents ans en perpétuelle jeunesse pour pouvoir les parcourir sans relâche… »*

CI-CONTRE

En faisant le tour du glacier d'Ossoue par la crête menant au Montferrat, la vue englobe toute la partie sommitale du Vignemale et plonge sur le haut du couloir de Gaube, vers lequel deux montagnards se dirigent, ici, avec respect et prudence.

Les Pyrénées en hiver

« Au cœur de décembre, la nature offre un spectacle grandiose. Masses étincelantes et monstrueuses rayées de noir par des parois si verticales qu'aucune neige ne saurait y tenir, falaises en deuil entourées de silence et de glace… Quelle ambiance l'hiver nous réserve ! Elle est presque surnaturelle. »
(Henry Russell)

Le grand silence blanc

DEPUIS PLUSIEURS JOURS DÉJÀ, une curieuse et indéfinissable impression s'installe. L'aube devient tardive, le crépuscule avance en heure. Un temps maussade sème sa grisaille, l'air se fait plus vif. Le citadin, parfois au dernier moment, remplit sa cuve à mazout, le campagnard – homme prévoyant – se réjouit d'avoir fait sa provision de bois durant l'été.

L'air « sent » la neige, car quoi qu'en disent certains, la neige a une odeur bien particulière, comme l'eau dont on a appris pourtant, sur les bancs de l'école, qu'elle est « incolore, inodore, sans saveur » ! Donnez-en un verre plein à un aveugle amateur de bon vin, il vous le jettera à la figure en s'écriant : « Beurk ! Mais c'est de l'eau ! »

Donc, l'air sent la neige… Le ciel s'obscurcit ; pas de nuages blancs ou gris ou difformes. Mais couleur de plomb devenant rapidement d'un noir d'encre, profond, triste, inquiétant. Le ciel tout entier fait penser à ces tentures que l'on mettait jadis à l'entrée des maisons touchées par un deuil.

La météo annonce : « Vendredi 5 décembre. Flux de nord, très froid. Ciel couvert, le plus souvent bouché, avec de fréquentes averses de neige jusqu'à 1 000 m d'altitude. Le vent souffle fort, en rafales, jusqu'à 70 km/h. Isotherme zéro degré voisine de 500 m d'altitude. » Et le lendemain, dès le lever timide du jour, une lueur blafarde enveloppe la plaine, terne et blanche à la fois. Dans les lointains, les premières neiges, tombées au cours de la nuit, recouvrent tous les hauts sommets de la chaîne pyrénéenne !

Tels des pénitents blancs ou des fantômes vêtus de leur drap surpris par la brusque arrivée du jour… L'hiver est bien là !

CI-CONTRE
Le village de Cirès, en Luchonnais. **Il a neigé abondamment cette nuit, à la grande joie des sportifs… mais au désarroi des autochtones qui, bloqués, passent leurs journées auprès du feu de cheminée.**

L'hiver est déjà là, avant l'heure ! D'un moutonnement de montagnes blanches ou encore grises, l'Ossau (2884 m) émerge comme la gueule d'un dauphin bondissant hors de l'eau pour jouer, mais avec une silhouette d'une blancheur lumineuse, inhabituelle.

Le Vignemale (3298 m) cache ses deux grands glaciers d'Ossoue et de Gaube sous un manteau au relief uniforme, comme une statue ou un buste encore couvert du linge avant une inauguration officielle.

Le massif de la Maladeta (3404 m) n'est plus cette exposition de dix-huit pics de 3000 m parfaitement individualisés par une crête qui les séparait ou les reliait cet été ; il est une fresque régulière, au relief raboté, estompé par le revêtement lourd de la neige précoce, mais abondante.

Encore plus vers l'est de la chaîne, les premiers rayons du soleil levant colorent de pastel les massifs cerdans et catalans qui, eux aussi, se réveillent lentement, engourdis par les premiers froids.

Les jours suivants, le ciel encore plus chargé laisse présager de nouvelles chutes de neige. L'hiver est donc bien là !

Si ça n'a pas été fait durant les dernières et pluvieuses journées de l'automne, on s'active à vérifier le matériel de randonnée et d'ascension hivernales. Skis, fixations (derniers réglages si l'on a changé de chaussures depuis l'hiver précédent), bâtons, peaux de phoque, piolet, crampons à glace (réglages éventuels), raquettes (encore des réglages !), chaussures, gants, puis sac à dos plus volumineux que celui de l'été, et encore tout le vestiaire pour affronter les rigueurs de la nouvelle saison.

Préparatifs minutieux, scrupuleux. Enfin, on se plonge dans l'étude des cartes et des topos guides pour découvrir et pour programmer des courses nouvelles, car c'est en innovant des itinéraires inconnus que l'on peut mieux apprendre et donc mieux explorer (oh, le grand mot !) les Pyrénées.

Cependant, on ne va pas se lancer tout de suite, tête baissée, dans les grandes ascensions. Il faut tout d'abord tester son matériel, tester aussi ses capacités, se mettre en condition et aussi reconnaître l'état de la neige, car on sait que, bien souvent, il s'agira de poudreuse tellement légère qu'on s'enfoncera pratiquement jusqu'au sol, que l'on soit à pied, à raquettes ou à skis !

Cette randonnée dans une forêt surchargée de neige fraîchement tombée donne l'illusion de parcourir le Grand Nord canadien !

EN PAGES PRÉCÉDENTES

Après une journée d'activités bruyantes et mouvementées, Bagnères-de-Bigorre (Hautes-Pyrénées) retrouve le calme d'un soir de décembre. Les premières neiges blanchissent déjà les monts avoisinants. Le pic du Midi, identifiable à son antenne de 105 mètres de hauteur, semble veiller sur la vallée, comme un phare ou un poste de vigie.

Le village de Sode, en Luchonnais. **Un village silencieux et désert : 19 habitants ! Vous pouvez le traverser, raquettes ou skis aux pieds, vous n'y croiserez sûrement personne !**

Événement rare : il a neigé à basse altitude, jusque dans les plaines. Saint-Bertrand-de-Comminges (Haute-Garonne), si animé l'été par l'affluence des touristes, n'est plus qu'un petit village de campagne, en ce mois de décembre. Au soleil couchant, les pics de Cagire (1 912 m) et du Gar (1 785 m) profitent des dernières lueurs colorées du jour finissant.

Les nuages, laboratoires où s'élabore la magie des flocons

Si la meilleure neige est celle dite de printemps parce que transformée, tassée, on ne va pas attendre jusqu'en mars ! Heureusement, il peut y avoir une très bonne neige en décembre ou janvier. Y aurait-il plusieurs qualités de neige ?

Eh bien, oui ! La neige se forme dans les nuages, à partir de la vapeur d'eau et chute lentement sur le sol ; lentement comme un duvet ou une plume d'oiseau, en cristaux hexagonaux mesurant de 1 à 5 mm. Chaque cristal comprend six branches qui s'accrochent à celles du cristal voisin. « Il neige ! » Combien il est beau, ce spectacle de larges flocons qui tombent doucement, calmement, comme au ralenti. Cet enchevêtrement de cristaux donne des flocons qui présentent cohésion et solidité (relative). Parvenus sur le sol, la couche est très légère, nullement compacte puisqu'elle contient beaucoup d'air. Son poids oscille autour de 50 à 100 kg/m^3.

Les paysages deviennent féeriques, irréels. Les sous-bois semblent étouffés sous la masse épaisse, mais « vaporeuse ». Les branches des sapins, surchargées de neige, ploient à en toucher le sol. Une balade dans ces décors dignes du grand Canada devient enchantement… et tant pis si la marche se révèle pénible tellement on s'enfonce ! Quant aux enfants, ils auront bien du mal à façonner des bonhommes de neige.

En fonction de la vapeur d'eau contenue dans les nuages, des températures rencontrées au cours de leur chute, du vent qui brise les branches en étoiles des flocons, on a affaire à des grains ronds, fines particules de 1/2 mm qui se soudent entre elles. Emprisonnant moins d'air, cette couche atteint un poids plus élevé : 200 à 300 kg/m^3.

D'autres grains présentent des faces planes et ne « collent » pas entre eux. Aussi, lorsqu'on ramasse une poignée de neige, elle s'écoule de la main comme du sable ou du riz !

Portet-de-Luchon (vallée de Larboust), Haute-Garonne. **Le dernier village (alt.: 1250 m) avant le col de Peyresourde, paralysé par le froid, étouffé par la neige. Juste quelques lumières derrière les fenêtres (32 habitants!).**

D'autres encore sont anguleux, mais creux, non collés entre eux. Des chutes de neige s'accumulant sur leur couche n'adhéreront jamais et pourront glisser sur de fortes pentes. Gare aux avalanches!

Il y a aussi des grains ronds de plusieurs millimètres de diamètre qui constituent de la neige humide car ce n'est plus de l'air qu'ils emprisonnent, mais de l'eau. Leur masse volumique avoisine les 500 kg/m^3. La consistance de cette neige variera en fonction de la quantité d'eau. Si celle-ci est importante, la neige sera pâteuse: la «soupe» tant détestée des montagnards! Si la température baisse considérablement, la neige deviendra très dure, au point de nécessiter le port de crampons. Elle sera cause, trop souvent, de chutes et de glissades parfois mortelles.

Une autre forme de neige est la «neige roulée», engendrée non par la vapeur d'eau des nuages, mais à partir de gouttelettes d'eau qui gèlent sur le cristal de neige. Elle tombe en petites billes: c'est le grésil.

Cet aperçu – très succinct – des différentes neiges conduit tout naturellement aux phénomènes des avalanches. D'après le *Larousse*, une avalanche est *«une masse de neige qui se détache des flancs d'une montagne et qui dévale avec une grande vitesse»*. Bien des chercheurs ont étudié les causes d'un tel déchaînement si redouté des montagnards et souvent mortel. Ils n'ont pu aboutir à des données ou à des paramètres précis et clairs. Le mécanisme s'avère d'une déroutante complexité.

EN PAGES SUIVANTES

Catalogne. **Un moment émouvant: sous la mer de nuages, c'est la «civilisation» et l'agitation des hommes, avec leurs soucis, leurs colères, leur égoïsme peut-être. Ici, plus proche du ciel, tout n'est que sérénité, apaisement de l'âme et de l'esprit. On est heureux, tout simplement!**

Bivouac au pic d'Estibat (1663 m), Ariège. Les tentes sont vite montées. Doudoune, mains dans les poches pour se protéger du froid de plus en plus vif, on assiste au spectacle du soleil qui, progressivement, descend sur l'horizon et va disparaître derrière les crêtes.

la déposer, par exemple, derrière une crête, sur une pente à l'abri des bourrasques. Ce nouveau manteau se nomme plaque à vent, si appréhendée et indiscernable d'une couche naturelle.

3. Les hausses de températures, au printemps notamment (et dans l'après-midi), font perdre à la neige son homogénéité et sa fermeté.

Un jour, nous longions, vers 2500 m d'altitude et par une marche sensiblement horizontale, le versant nord très pentu, de la Serra de Tumeneja (massif du Montardo). Nous étions quatre, progressant l'un derrière l'autre pour profiter des traces faites par une équipe d'Espagnols qui nous précédait de quelques centaines de mètres. Exubérants (comme bien des Espagnols en montagne !), ils chantaient et conversaient bruyamment. Soudain, nous les vîmes stopper net, devenir silencieux et faire rapidement demi-tour pour passer, sans mot dire, légèrement au-dessous de nous.

« Ils ont dû se rappeler qu'ils ont oublié une casserole sur le feu », plaisanta l'un de nous. Parvenus, à notre tour, à leur terminus, nous sentîmes une sourde vibration sous nos pieds, comme si la couche de neige s'était affaissée de plusieurs centimètres. Nous comprîmes vite les raisons du volte-face de nos devanciers. Nous étions sur une plaque à vent ou sur une couche de neige non stabilisée, prête à partir !

Sans attendre une seconde de plus, en un ensemble parfait et en douceur, nous fîmes demi-tour, nous aussi. Lorsque, la détente revint, le même plaisantin lança : *« Tiens ! Nous aussi, nous avons oublié une casserole sur le feu ? »*

Ils étaient partis pour accomplir une belle randonnée…

BIEN QU'ILS CONCERNENT L'ENSEMBLE DE LA CHAÎNE – et non un massif précis – les bulletins d'alerte de Météo France sont à écouter, et les conseils à suivre. Comme cette boutade lancée par un collègue : *« Mieux vaut vivre vieux par trop grande sagesse que mourir jeune par imprudence ! »*

Chaque année – hélas –, la neige glacée ou seulement dure cause des glissades sur des pentes même légères ; les changements de temps, les tourmentes égarant les randonneurs sont à l'origine des tragédies. Chaque année, des montagnards partent au petit matin, ravis de passer une bonne journée, soit pour une simple randonnée, soit pour une escalade, sérieuse certes, mais à leur niveau technique. Chaque année, pour certains, ce sera leur dernière sortie… Errements dans les bourrasques de neige… Dévissages sur la glace… Avalanches…

Sans vouloir écrire un chapitre morbide, évoquons rapidement quelques accidents bien malheureux, sans les dater, au cours de ces dernières années.

Accidents causés par glissade :

DÉCEMBRE. FRÉDÉRIC MARTIN (22 ans), de Gerde (Hautes-Pyrénées) glisse dans le couloir nord de l'Arbizon (2 831 m). La chute, par elle-même, n'aurait peut-être pas été mortelle, si son piolet, dans la glissade, ne s'était planté dans une cuisse, ouvrant l'artère fémorale.

Janvier. Le docteur Jean-Luc Niéto, 41 ans, astrophysicien toulousain, glisse dans le couloir nord du pic du Midi qu'il escaladait avec un ami guide ; pente raide, mais non verticale. Une chute de 300 m !

Quelques jours auparavant, Claire Dalle (43 ans), de Ramonville (Haute-Garonne), dévisse sur une pente verglacée du pic de Cagire (1 912 m), une « montagne à vaches » en été ! Une chute mortelle de 250 m…

Si, souvent, ces accidents sont causés par la négligence ou l'incompétence de la victime, il arrive parfois que la fatalité – la fatalité, seule – soit à l'origine de certains drames qui touchent des alpinistes de très haut niveau, et donc très expérimentés, très prudents.

Le 1er mars 2004, Patrick Bérhault – guide de haute montagne, professeur à l'École nationale de ski et d'alpinisme – était parti pour réaliser un rêve fabuleux : enchaîner les quatre-vingt-deux sommets alpins de plus de 4 000 m !

Le 27 mars, alors qu'il venait de gravir le soixante-sixième « 4 000 », une corniche de neige céda sous ses pieds, le précipitant dans le vide… Une chute de 600 m…

Accidents causés par avalanche :

FÉVRIER. NON LOIN DE LA MONGIE (Hautes-Pyrénées), un groupe de randonneurs à raquettes s'achemine vers le refuge du Campana du Cloutou (itinéraire du GR 10). L'un d'entre eux glisse sur une plaque à vent, ce qui déclenche immédiatement l'avalanche. Ses camarades, expérimentés, équipés de balises ARVA et de sondes (on ne peut être plus précautionneux !) ne parviennent pas à le dégager à temps.

Mars. Dans le massif du Burat, qui culmine à 2 154 m (Haute-Garonne), trois montagnards quittent la cabane de Salode et, vers 1 600 m, au pied d'un versant « pas si terrible que ça », une avalanche de 100 m de large sur 500 m de long ensevelit une équipière. Alerte donnée par téléphone portable, de gros moyens mis en œuvre (deux hélicoptères, dix hommes, un chien de secours en avalanches) seront impuissants : la victime n'avait pas survécu, écrasée et étouffée sous 5 m de neige…

Accidents par égarement dû au mauvais temps :

AVRIL (ET DONC À LA FIN DE L'HIVER). Federico Aguilar Paller (34 ans) fut retrouvé mort, sans aucune blessure, dans le massif du Puigmal (Pyrénées-Orientales). Après enquête, il est probable que, surpris par une tempête de neige, il se soit égaré, tournant en rond, avant de succomber de froid et d'épuisement.

Septembre (ce n'est pas encore l'hiver !), dans cette même région, Carmen Llanas et son mari Étienne, ainsi que leur petit-fils Nicolas, âgé de… 10 ans, avaient décidé d'aller de Nuria (Espagne) à Eyne (Pyrénées-Orientales) par le col de Nuria (2 683 m). Partis légèrement vêtus, ils s'égarèrent et se dispersèrent dans le brouillard. Étienne retrouva le bon itinéraire et, après des heures de recherches, il décida, affolé, de déclencher les secours. La grand-mère (68 ans) ne fut retrouvée que le lendemain, mais morte de froid. Quant au petit Nicolas, il était dans un état très affaibli…

CI-CONTRE
Pic de Pedescals (2 416 m), Catalogne.
Le vent se lève, glacial, insoutenable pour le photographe qui, mains nues, doit manipuler ses appareils et ses objectifs. « – 21 °C », m'annonce Michel qui vient de consulter son thermomètre. Qu'importe le froid ! C'est beau, c'est grandiose ! C'est magique !

Skis ou raquettes aux pieds, sac sur le dos

Donc, l'hiver est bien là ! En été, ou plutôt hors enneigement, c'est-à-dire du printemps à l'automne, le montagnard programme ses ascensions vers les hauts sommets, souvent avoisinant ou dépassant 3 000 m. C'est tellement enivrant, à pareille altitude ! Ou bien, il échafaude des circuits, parfois de plusieurs jours, autour de massifs importants (Maladeta, Néouvielle, Ossau, Balaïtous ou autres moins célèbres, mais aussi beaux). Ou bien – et là, c'est une sacrée « aventure » – il entreprend la traversée totale des Pyrénées, de l'Océan à la Méditerranée, le plus haut possible, presque à toutes crêtes.

En hiver, tout change. La neige donne à nos montagnes une image tellement nouvelle, tellement originale qu'elles ne sont plus reconnaissables ! Comme s'il s'agissait d'une autre chaîne pyrénéenne ! On les abordera donc d'une autre façon, avec une autre philosophie.

Beaucoup se rabattront sur les « petits » sommets (de faible ou de moyenne altitude), tout au moins durant la première période de l'hiver. Ce sera pour attendre une neige meilleure, transformée, avant de s'attaquer aux « grands ». Les Pyrénées comptent (mais c'est une estimation) près de 8 500 sommets, du tout petit au célèbre Aneto (3 404 m). C'est dire l'immensité des possibilités pour y trouver là notre bonheur.

Et l'hiver est la saison rêvée pour aller rendre visite à ces « collines » que l'on a ignorées en été ; beaucoup de belles balades en perspective. Une marche en sous-bois silencieux, sauvage, que percent timidement les premiers rayons d'un soleil engourdi et paresseux… L'approche d'une cabane de berger avec sa source à proximité où le froid de la nuit a glacé les écoulements et les éclaboussures sur les cailloux ou le bassin en ciment… L'arrivée à un petit col d'où le regard découvre l'autre vallée et où s'éparpillent des petits hameaux presque inhabités, juste çà et là quelques fumées qui s'élèvent des cheminées… Le but atteint – le sommet – que l'on s'étonne d'avoir délaissé jusqu'ici, avec le point de vue panoramique sur les massifs surchargés de neige qui s'alignent devant nous, comme une exposition dans une galerie… Tout cela est un parfait régal.

Au cours d'une ascension ou d'un raid, on peut délaisser la tente pour un igloo. Sa construction demande technique et patience.

« Ohé, ohé ? », semble appeler ce randonneur à l'adresse du berger dans sa cabane. « Y a quéqu'un ? »

CI-CONTRE

Randonnée en Luchonnais (Haute-Garonne). **Des circuits qui, en été, sont de simples balades, deviennent sous la neige de délicieuses excursions au milieu de paysages éblouissants.**

Comme dans le Grand Nord ! Importées de « là-bas », les randonnées en traîneaux sont un véritable sport, très technique. Les chiens ne sont pas des « bêtes de somme » –loin de là– mais des compagnons fidèles, aimant aussi l'effort et l'aventure : Malamute, Samohède, Husky, trois races proches du loup arctique, mais obéissants et affectueux. (Photo Pierre Coste)

Cabanes d'Aygues-Rouye (Hautes-Pyrénées). Après le chant des clarines, les cris des bergers appelant les troupeaux, les verts pâturages de l'été… la montagne, en hiver, se pare de silence et les cabanes s'isolent sous la neige.

Beaucoup de « 3000 » (mais pas tous !) sont accessibles en plein hiver. Leur ascension est rarement une simple randonnée ! Qu'est-ce qui nous a pris, ce jour-là, à « faire » le Néouvielle (3091 m, Hautes-Pyrénées) par une voie illogique, autre que la « normale » ? Nous y arrivâmes, tout de même, mais de justesse… (Photo : Pol-Yvon Kis)

Ouf ! L'arrivée au sommet : le Tuc deth Port de Vielha (2606 m), Catalogne. Au fond : le massif de la Maladeta. Le temps maussade, la neige peu sûre : voilà de quoi inquiéter. Pentes glacées par endroits, instables ailleurs… Il n'y a pas honte à être prudent, ni à aimer la vie. Alors, on s'encorde.

Pic de Poujastou (2015 m), Haute-Garonne. **En cette saison, les Pyrénées prennent une toute autre allure. Que d'ascensions insolites permettent-elles ! Même si le sommet convoité est modeste, la montée est un enchantement continu.**

Certains massifs, comme l'Ossau (2884 m, Pyrénées-Atlantiques), **se prêtent admirablement à de nombreuses courses à raquettes ou à skis. La vue sur le lac Gentau paralysé par les glaces, la silhouette du grand pic impressionnant et austère sont prétextes à une courte pause avant d'attaquer la montée au col des Moines (2168 m) au fort beau point de vue.**

Avant tout départ, il est indispensable de se plonger dans l'étude des cartes IGN pour mieux préparer la randonnée, pour y dénicher des petits coins de paradis ou des curiosités.

Le pic d'Orhy (2017 m), le premier « 2000 » à partir de l'Océan, se gravit sans peine depuis le col de Larrau. Un beau coup d'œil sur la forêt d'Iraty (12000 ha !) qui forme comme un immense tapis blanc lorsque la neige n'a cessé de tourbillonner durant toute la nuit.

Le pic des Escaliers (1472 m), juste une « bosse », mais quel sympathique belvédère sur ses proches voisins : Errozaté (1345 m), Occabé, la montagne aux 26 cromlechs (1456 m), Orhy et les silhouettes lointaines des premières montagnes du Béarn.

Le pic de Cabaliros (2334 mètres), le massif le plus fréquenté de la région de Cauterets, avec juste raison d'ailleurs, car sa position est telle qu'une table d'orientation a été placée à son sommet. Un paysage en panoramique !

Les Oulettes de Gaube (2151 m) qui forment la base de la fascinante et austère face nord du Vignemale. Une « anthologie », un retour aux plus belles heures du pyrénéisme, avec, juste au beau milieu, le couloir de Gaube, enneigé et vertical, vaincu le 7 août 1889 par Brulle, Bazillac, de Monts, Salles, avec en tête Célestin Passet qui tailla à coups de piolet 1300 marches dans la glace ! Et bien d'autres escalades parmi les plus difficiles des Pyrénées.

Les pics du Gar (1785 m) et du Cagire (1912 m), sommets de la région luchonnaise aussi réputés que le mont Blanc ou l'aiguille du Midi, dans les Alpes !

Sur une arête du Balaïtous (3144 m), Pyrénées-Atlantiques. **Le pic d'Arriel (2824 m) et l'Ossau (2884 m) émergent d'une belle mer de nuages. Une préparation minutieuse, beaucoup d'expérience, une résistance à toute épreuve, un excellent esprit d'équipe et… une bonne météo : voilà tous les ingrédients pour réussir un raid de plusieurs jours. Une sacrée aventure ! (Photo Pierre Coste)**

L'estany de Gerber (Catalogne). **La ligne droite étant la plus courte pour aller d'un point à un autre… le skieur n'hésite pas à traverser les lacs par leur milieu pour rejoindre la berge opposée, tout au bout. Il n'y a aucun risque, à condition d'attendre la période de l'hiver où la glaciation est à son maximum, bien sûr.**

En été, le cirque de Travessani (Catalogne), **avec ses nombreux lacs aux berges fleuries, est une pure merveille. En hiver, il offre un spectacle prestigieux : ses hauts sommets, ses aiguilles rayées de noir par des parois verticales où la neige n'a que peu de prises, ses « estanys » endormis sous d'épaisses couches de glace.**

Le pic de Campsaure (2141 m), à cheval entre France et Espagne, si facile qu'en été on pourrait l'atteindre à cheval, et en hiver sans problème pour un skieur débutant : un mirador de qualité sur le Maubermé (2880 m), les Besiberri (3032 m), le Montardo (2833 m), les Mulleres (3010 m), la Maladeta dans toute sa splendeur (Aneto à 3404 m), le Néouvielle (3091 m)… La liste trop longue ne peut être détaillée ici.

Le pic de Crabère (2630 m), à la jonction de la Haute-Garonne, de l'Ariège et de la Catalogne, s'inscrit dans une ascension « sérieuse », mais d'où l'on a tout loisir de scruter de haut une bonne partie de ces trois régions.

Le pic des Trois Seigneurs (2199 mètres), un grand classique. Tous les montagnards ariégeois se sont fait une « obligation » (surtout une joie) d'en fouler la cime, à pied, à raquettes ou à skis.

Le pic de Tarbézou (2364 m) prend une belle allure lorsque la neige le pare de blanc ou de glace. La vue porte fort loin, sur les massifs de l'Ariège, de l'Aude et des Pyrénées-Orientales. Vers le sud et sous les pieds, les trois étangs gelés (Noir, Bleu et de Rabassoles) font penser à ces pistes de glace où, pourtant… nul couple ne danse !

Le pic de Madres (2469 m), bien débonnaire en été, mais une ascension longue en hiver, quoique assez facile. Ouvrons une parenthèse pour préciser qu'en montagne, et surtout en cette période, les qualificatifs « facile » et « difficile » n'ont aucune signification objective ou réelle par eux-mêmes. Tout est fonction de l'expérience du randonneur ou du montagnard, et surtout, dans ces conditions hivernales, de l'état de la neige, si elle porte bien ou si elle est lisse et dure comme la glace. Que de glissades mortelles au Cagire (par exemple), là où, en été, des gamins pourraient courir et s'amuser !

Nous venons d'énumérer une dizaine de montagnes. Par simple soustraction (8500 – 10), il en reste encore… 8490 ! Mais je n'entreprendrai pas la gageure d'en poursuivre la liste jusqu'au bout !

Avec janvier, le froid devient vraiment hivernal, la température pouvant descendre en deçà de – 10 °C, voire – 20 °C, même par un après-midi ensoleillé ! Le montagnard chevronné ne se laissera pas piéger : gants, sous-vêtements adaptés à la saison, pantalon fourré, bonnet épais ou cagoule, tricots en fourrure polaire, veste matelassée, doudoune… Mais malheur à lui s'il part à la légère et que le temps se gâte au point de l'égarer, l'obligeant à passer la nuit blotti contre un rocher !

Le lac Xic (cirque de Travessani), Catalogne. **Le versant espagnol des Pyrénées, par son exposition au sud, donc en plein soleil, propose une infinité de randonnées et de circuits. Ciel bleu profond, paysages de rêves… Les lacs eux-mêmes ne se glacent que tardivement et retrouvent leur aspect aquatique dès les premiers jours du printemps.**

Les souvenirs sont toujours heureux

Bernard Clos me conta une anecdote amusante pour illustrer à quel point le froid peut être « polaire » certains jours de février. Avec trois amis, tous encordés, il regagnait la base du cirque de Gavarnie, après une sérieuse escalade sur les fameuses murailles, enneigées et par endroits glacées. Le froid était tel que leur corde (humide au départ) étant glacée et leurs doigts gourds, ils ne purent défaire les nœuds fixés à leurs baudriers. Toujours encordés, ils revinrent au village de Gavarnie où ils avaient laissé la voiture, le matin. Mais, ne pouvant toujours pas dénouer la corde, ils durent entrer dans le véhicule, ainsi reliés, passant tous, bien évidemment, par la même portière !

Certaines conditions tout à fait inattendues peuvent soumettre le montagnard à une rude épreuve, voire même en sérieuse difficulté, surtout si le froid intense, la neige, l'éloignement, la fatigue et la nuit se liguent contre lui.

Après une journée de travail, en plein janvier (dans les années 1970), nous étions partis, mon ami Michel Soula et moi, pour une course de trois jours dans le massif du Vignemale. Le premier jour (en fait le premier soir), nous devions rejoindre, skis aux pieds évidemment, le refuge Wallon pour y passer la nuit (vallée du Marcadau, par Cauterets).

Après trois heures de montée, frontale allumée, tour à tour suant puis grelottant à la moindre pause, nous arrivâmes enfin, vers 22 h, au refuge qui, comme tous les refuges CAF, devait offrir (c'est une règle) une pièce dite « partie hiver », comme abri.

Assez exténués par nos sacs lourds et cette marche nocturne, nous fûmes stupéfaits à la lecture d'une pancarte apposée sur la porte… fermée à clé : « *Pour le refuge, demander la clé à monsieur X* (par discrétion, je tairai le nom), *à Cauterets.* »

En quelques secondes quelques « flashes » traversèrent notre esprit engourdi par la fatigue : redescendre à

La station de ski de Superbagnères (1804 m), Haute-Garonne. **Elle fut une des toutes premières stations des Pyrénées. Ses pistes courent sur une grande dénivellation: de 1440 m à 2260 mètres. En outre, ce site offre un panorama extraordinaire sur les grandes cimes de la chaîne, dont la Maladeta. (Photo aérienne; pilote: Éric Soulé de Lafont)**

Cauterets (toujours de nuit) et réveiller ce monsieur dans son lit bien au chaud, puis remonter au refuge où nous serions arrivés presque au lever du jour, ce qui aurait totalisé, depuis le départ, neuf heures de marche! Ou bien entrer par effraction, vandalisme auquel nous nous refusions, bien que notre situation, nullement catastrophique toutefois car nous n'étions pas «en danger de mort», était tout de même très préoccupante et même angoissante.

En cherchant comment feinter pour entrer dans ce refuge qui aurait dû avoir sa «partie hiver» ouverte, nous trouvâmes un volet forcé et une vitre brisée. Il ne restait plus qu'à ouvrir la fenêtre, ce qui nous évita de coucher dehors, dans la neige, par – 10 ou – 15 °C!

Une autre mésaventure, mais cette fois amusante (relativement), due à un réchauffement de la température en cours de journée... Nous étions partis à trois pour faire l'ascension du pic de Madamète (2657 m), dans le massif du Néouvielle. Nous avions roulé de nuit, dépassé le village de Barèges, remontant la route D918 du col du Tourmalet. Elle devint de plus en plus enneigée et même rapidement glacée au point que je dus mettre les chaînes pour arriver au départ de l'ascension, au lieu-dit Pont de la Gaubie.

Frontale allumée, crampons aux pieds, nous montâmes sur des pentes de neige très dure. En cours de journée, le soleil «cogna» si fort que les raquettes remplacèrent les crampons. Le soir, assez tardivement, nous retrouvâmes la voiture dont le pare-brise était «décorée» d'une contravention portant la mention «Stationnement sur une piste de ski»! Certes, des skieurs, dont les gendarmes de Barèges, avaient accaparé la route pour en faire leur piste; mais il n'en demeurait pas moins qu'il s'agissait d'une route, la départementale 918!

Lorsque nous montâmes dans la voiture, avec un ensemble parfait, sous nos poids, elle s'enfonça d'un coup dans la neige qui avait ramolli en cours de journée; le fond de la caisse reposait maintenant directement sur la couche, les quatre roues «en suspension». Malgré tous nos efforts (poussées, cric qui s'enfonçait, bien sûr, branches de sapins sous les roues) la voiture demeurait prisonnière dans sa « cangue » de neige !

Restait l'unique solution : attendre, non le dégel, mais le gel, c'est-à-dire attendre que le froid de la nuit glaçât à nouveau la couche de neige, afin de pouvoir « refaire surface »... Et ce fut vers 4 heures du matin, après avoir attendu durant huit heures dans la voiture, immobiles, par une température avoisinant sûrement – 10 °C (peut-être plus ?), que nous pûmes enfin nous extirper du piège.

Quant à la contredanse... pas de nouvelles, le juge ayant sûrement rigolé de la mention « stationnement sur une piste de ski » !

« Pourtant, que la montagne est belle... »

Les grands sommets exercent une attirance sur les montagnards de haut niveaux. Il faut être sérieusement entraînés et expérimentés pour les affronter.

Le Balaïtous (3144 m), le premier « 3000 » rencontré en venant de l'océan, compte parmi les plus difficiles par sa longue marche d'approche et les murailles verticales qui défendent son sommet, comme les remparts protègent un château. Au cœur de décembre d'un rude hiver, le jeune espagnol Carlos Gonzalès (28 ans), avait presque achevé son ascension, lorsque dans la voie, assez raide, dite « normale » (en été) et appelée la Grande Diagonale, il dévisse sur la glace et se tue dans une chute horrible de 400 m...

Le Vignemale (3298 m), plus abordable, demande pourtant un gros effort à cause de ses 2000 m de dénivellation. Certains passages nécessitent en fonction de l'état de la neige crampons et cordes.

Le Néouvielle (3091 m), un des plus « faciles », s'entreprend par une très longue marche d'approche, les routes d'été étant bloquées par la neige.

L'Aneto (3404 m), le grand monarque de la chaîne, est encore une course sérieuse dont l'ascension n'est pas toujours réussie : journée trop courte, mauvaise neige, météo défavorable.

Le Besiberri Sud (3032 m), plus abordable, inquiète un peu par la raideur du couloir menant au col des Abellers (2885 m) et son arête finale souvent « plâtrée » par une neige peu sûre.

Ce ne sont là, encore, que quelques noms.

On le voit, les Pyrénées sont inépuisables ; elles offrent un champ d'action où le sportif pourra faire son choix en fonction du bonheur qu'il y recherche. En fait : à chacun sa montagne. Au point que certains s'y aventureront avec une optique tout à fait différente de celle des alpinistes (il faudrait écrire plutôt – Pyrénées obligent – des pyrénéistes).

À chacun sa montagne... Mon bonheur, parmi d'autres joies, c'est de bivouaquer sur un sommet enneigé, même modeste (peu importe l'altitude, de 2000 à 2500 m, parfois moins). Au milieu de l'hiver, à cause de l'abondance et donc de l'épaisseur de la neige, l'ascension jusqu'au sommet, quel qu'il soit, nécessite souvent une marche de plusieurs longues heures. Et le sac est lourd... lourd !

Mais que contient-il donc, ce sac ? Sous-vêtements chauds, doudoune, gants, bonnet, crampons à glace, tente, matelas mousse et matelas gonflable pour isoler du froid insupportable et humide de la neige, sac de couchage (le mien permet d'affronter des températures jusqu'à – 25 °C ; il est donc lourd !). Une attention toute particulière sera portée sur le chapitre de l'intendance : vivres à faire chauffer (surtout pour le soir ; donc ne pas oublier le réchaud, ni le briquet !). Se méfier que « là-haut », il n'y a jamais d'eau. Il faut en emporter une ample provision, à moins de faire fondre de la neige. Et, enfin, l'encombrant et pesant matériel photographique, car il serait impensable d'assister à une telle féerie de formes et de lumières sans en ramener des images.

Je plante donc ma tente sur le sommet, toujours en période de pleine lune et « sous l'obscure clarté qui tombe des étoiles », lorsque les glaciers scintillent, lorsque les versants sont silencieux, lorsque le gel immobilise torrents et cascades. Même sous la tente, le froid nocturne a glacé ma gourde d'eau ou de vin. Une fois, mon thermomètre indiqua – 21 °C ! Qu'importe !

Mais pourquoi un bivouac en période de pleine lune ? Parce que durant la nuit, toutes les montagnes seront éclairées par cette douce lumière lunaire, presque surnaturelle ; lumière douce mais puissante à la fois, grâce à sa réverbération sur la neige immaculée, au point qu'il serait possible de lire le journal à 2 heures du matin !

L'instant divin du coucher du soleil sur l'horizon qui flamboie, puis s'obscurcit progressivement et se fond dans le néant de la nuit... puis au petit matin, à l'heure où la terre entière est encore endormie, son apparition derrière les pics qui s'éclairent, puis jaunissent, rosissent et s'embrasent... tout cela est bonheur et moments inoubliables.

Mais la phase la plus émouvante et la plus mystérieuse se situe au milieu de la nuit, lorsque la lune – la pleine lune – atteint le zénith du ciel. L'environnement semble ne plus être le même que lors du crépuscule : tout est gris cendre ou rose ou ocre suivant la pureté ou la coloration de l'atmosphère. La lune, à sa « pleine puissance », éclaire crêtes, pointes, cirques, sommets, névés, glaciers. Dans les bas-fonds, les forêts sont d'immenses taches noires sans détails, les vallées de longues saignées obscures. Dans le ciel profond, mille étoiles brillent et clignotent. Les constel-

lations se dessinent, facilement reconnaissables grâce à la limpidité de l'air ; la lune éblouissante révèle ses cratères.

Quel silence ! Un silence blanc, glacial, si parfait qu'on se croirait atteint de surdité. Tout au bas et dans les lointains, des lumières piquent çà et là les plaines ou les versants sauvages et pourtant habités. On se surprend à rêver et à méditer. À méditer sur le Beau, sur l'Infini, à chercher les limites de notre galaxie, du cosmos, de l'univers ! À méditer sur notre petitesse ridicule ; une poussière éphémère dans l'immensité glacée.

Une autre façon d'aborder la montagne

À CHACUN SA MONTAGNE… Il y a les skieurs qui, sur les pistes bien damées des stations de ski, exécutent des figures et des ballets gracieux ou bien s'enivrent à dévaler les pentes à des vitesses folles.

De nombreuses stations desservent les Pyrénées, toujours en expansion, en développant des remontées mécaniques et des pistes nouvelles. Il est impossible de les nommer toutes. Juste quelques noms…

PYRÉNÉES-ATLANTIQUES : Arette-La Pierre-Saint-Martin (1 650-2 200 m), Gourette (1 400-2 400 m).

HAUTES-PYRÉNÉES : Cauterets (1 850-2 350 m), Gavarnie-Gèdre (1 850-2 480 m), Luz-Ardiden (1 700- 2 500 m), Piau-Engaly (1 820-2 600 m), La Mongie (1 250-2 500 m), Saint-Lary-Soulan (Pla d'Adet) (1 700-2 500 m), Val Louron (1 450-2 100 m).

HAUTE-GARONNE : Luchon-Superbagnères (1 440-2 260 m), Peyragudes (1 600-2 400 m), Le Mourtis (1 420-1 860 m).

ARIÈGE-AUDE : Ax-Bonascre-Le Saquet (1 400-2 400 m), Guzet (1 100-2 100 m), Plateau de Beille (1 800-2 000 m), Les Monts d'Olmes (1 500-2 000 m), Ascou-Pailhères (1 500-2 000 m).

PYRÉNÉES-ORIENTALES : Porté-Puymorens (1 600-2 500 m), Font-Romeu-Bolquère-Pyrénées 2 000 (1 600-2 250 m), Les Angles (1 600-2 400 m).

ANDORRE : Pas de la Case-Grau Roig (2 050-2 600 m), Arinsal (1 550-2 560 m), Soldeu-El Tarter (1 710-2 560 m).

ESPAGNE : Candanchú (1 964-2 260 m), Formigal (1 550-2 250 m), Panticosa (1 530-2 100 m), Baqueira-Beret (1 500-2 510 m), Espot (1 500-2 430 m), La Molina (1 700-2 540 m).

CI-CONTRE

Seul le survol en avion donne une image exacte et impressionnante des Pyrénées sous la neige. Le lac de Cap-de-Long résiste encore à l'emprise des glaces ; à sa droite pointe le pic de Néouvielle (3 091 m), Hautes-Pyrénées. (Photo aérienne ; pilote : Éric Soulé de Lafont)

Au plus fort de l'hiver et au milieu même des hauts massifs, on a l'impression d'arpenter les chaînes de l'Annapurna ou de l'Himalaya ! De gauche à droite : le Mont-Perdu (3 355 m), le Cylindre (3 328 m) et le Marboré (3 248 m), Aragon.

Les Pyrénées vues du ciel

À CHACUN SA MONTAGNE… Il y a ceux qui ont le privilège de découvrir les Pyrénées depuis le ciel : les pilotes de petits avions de tourisme. J'ai eu cette grande chance en faisant la connaissance d'Éric Soulé de Lafont, pilote de montagne, passionné aussi de randonnées et d'ascensions, notamment en hiver. Il résulta de cette amitié des dizaines de vols et un ouvrage commun, *Les Pyrénées vues du ciel* paru aux Éditions Sud Ouest.

J'avais l'impression que chaque vol était plus beau que le précédent. Mon enthousiasme allait en grandissant. Par un matin maussade et bien couvert, après le décollage, nous perçâmes la couche nuageuse pour émerger dans un ciel d'une limpidité et d'une pureté étonnantes. La mer de nuages s'étendait jusqu'à l'infini. Nous ne volions pas ; nous naviguions… Comme des îles désertes du Pacifique, seuls dépassaient les massifs luchonnais, la somptueuse Maladeta (ou Monts-Maudits) et, à l'est, en contre-jour, le sommet bien caractéristique du mont Valier. Les nuages, comme des vagues ou des rouleaux déferlants, battaient les flancs de ces montagnes. Je n'avais jamais imaginé qu'il pouvait exister de spectacles aussi sublimes…

Vu à 4000 m d'altitude, le cirque de Troumouse n'est qu'un immense arc de cercle aux murailles vertigineuses, et son faîte apparaît aussi fin qu'un rasoir ! Et pourtant, parcourir sa crête, surmontée de « 3000 », d'une extrémité à l'autre, constitue l'une des plus belles courses de nos Pyrénées.

Et le cirque de Gavarnie ? Une « horrible splendeur », pour reprendre les termes romantiques des pionniers du XIXe siècle. Horrible : par la verticalité de ses murailles hautes de 1 700 m ! Splendeur : par la magnificence de ses sommets et de ses paysages !

Encore plus à l'ouest, le Vignemale, massif magique à l'imposante stature. Son glacier, où en automne des centaines de crevasses lugubres balafrent la pure blancheur de ses 59 ha, dominé et bordé en demi-cercle par une succession de « 3000 », en est la voie royale, et la Pique Longue, la suprême récompense.

De la « poudreuse » à la glace

À CHACUN SA MONTAGNE… Il y a ceux qui gagnent un sommet le plus directement possible sans trop s'attarder à des détours, une large planche amarrée à leur sac à dos. Ce sont les amateurs de snowboard. Certes, la montagne est leur passion, mais à cet engouement s'ajoute l'ivresse d'une folle et esthétique descente, en une communion parfaite avec la pente et la poudreuse. Par une vitesse apparemment débridée, mais pourtant contrôlée, jeux, sauts semblables à des envols, ballets élégants s'enchaînent. Ils soulèvent des nuages harmonieux de neige. Toutes les montagnes ne se prêtent pas à leurs prouesses, mais ces spécialistes de la glisse se communiquent entre eux « les bonnes adresses », les bons sommets d'où la descente leur donnera des ailes !

À chacun sa montagne… Il y a les fous de l'escalade de glace, ces « petits » frères des grimpeurs en falaises de granit ou de calcaire ; « petits » frères, car cette discipline sportive a vu le jour il y a peu, à peine quelques décennies. Il faut attendre janvier ou février, lorsque le froid hivernal est à son paroxysme et immobilise les cascades.

Il faut randonner au fond du cirque de Gavarnie par exemple, pour réaliser cette transformation impressionnante des chutes d'eau grondantes et bondissantes en cascades de glace silencieuses et immobiles. Même la célèbre Grande Cascade de 423 m, la plus haute d'Europe, se fige, depuis le sommet de son tremplin jusqu'au pied de la muraille ! Tout le long de ce grandiose amphithéâtre naturel tombent des dizaines et des dizaines de cascades de glace : il n'y a que l'embarras du choix !

Il faut posséder pleinement la technique de ce genre d'escalade pour affronter de tels « monuments » en coulées, en gerbes, en murs ; technique, expérience et surtout connaissance de l'état de cette glace dont l'adhérence à la falaise rocheuse et verticale semble fragile ; crampons aux pieds, un piolet à chaque main, broches à glace à portée, mousquetonnées au baudrier…

Cette activité hautement sportive exige donc une parfaite connaissance de ce milieu étrange et insolite, nous dirons « artificiel », bien que… naturel ; artificiel parce qu'il est éphémère et soumis aux lois de la saison, à la rigueur du gel. La température, même en pleine journée, doit être glaciale, « arctique », sinon le ruisseau qui engendra la cascade de glace peut renaître et couler abondamment entre la falaise rocheuse et la glace, désolidarisant cette dernière de la paroi. Il n'y a donc plus d'adhérence solide.

Le 11 mars 2004, alors qu'une équipe de trois grimpeurs – très compétents et entraînés – s'attaquait à une cascade du cirque de Gavarnie, un énorme bloc de glace, estimé à plusieurs tonnes, se détacha des hauteurs et écrasa deux d'entre eux ! Un drame épouvantable…

On n'arrête pas d'innover, d'inventer de nouveaux sports, de nouvelles façons de flirter avec la montagne. Maintenant, on pratique le « dry tooling » ! Le « dry tooling » ? « Qu'es aco ? » *« C'est grimper là où rocher et glace se courtisent,* dit Pascal Sancho, un des spécialistes de cette activité. *Rivalisant de formes et d'inclinaisons, la progression nécessite tour à tour l'utilisation d'une gestuelle issue des escalades rocheuse et glaciaire. »*

À chacun sa montagne… Soit ! Les Pyrénées ne sont-elles pas inépuisables ?

Crampons aux pieds qui mordent la glace, piolets (un à chaque main) qui s'ancrent sur les coulées gelées et cela sur un mur pratiquement vertical : de la folie ? De l'insouciance ? Non, simplement de la technique, de l'apprentissage aussi qui débouchent sur l'expérience et le plaisir nouveau d'aimer – non pas le risque – mais d'aimer se mesurer avec l'obstacle et de flirter avec ce visage hivernal de la paroi.

Les Pyrénées au printemps

« Filles de feu selon les légendes, les Pyrénées sont riches en chefs-d'œuvre humains et de beautés naturelles… Un monde que j'aime, des Albères aux confins du Pays basque, où j'éprouve des sensations aussi fortes quand je m'élève, au hasard d'anciens chemins ou hors des sentes, dans une superbe forêt bruissant du chant des oiseaux, que lorsque je grimpe sur une crête pour avoir la joie de contempler l'enchevêtrement des sommets sur 360 ° ou le mystère d'un petit lac. La vision d'un parterre de gentianes dans les « estives » ou d'une fleur rare accrochée dans un recoin escarpé, leurs couleurs et les jeux de lumière sur le relief me procurent toujours un plaisir sensible. »

Louis Audoubert

« Et pourtant, elle tourne » (Galilée)

Avec une lenteur toute relative, la Terre tourne autour du soleil, parcourant près de 1 000 millions de kilomètres pour effectuer cette ronde ou plus exactement cette ellipse, et cela en 365 jours. Mais là où le miracle des saisons intervient, c'est que l'axe de notre planète n'est pas vertical par rapport à son trajet, mais oblique ; l'inclinaison de cet axe rotationnel est de 23,45 °. Ainsi, chaque hémisphère (prenons le nôtre pour l'exemple) est-il exposé plus ou moins aux rayonnements solaires en fonction de sa position lors de sa course elliptique.

Lorsque ceux-ci arrivent très inclinés (le soleil étant alors « très bas »), nous sommes au cœur de l'hiver. À l'opposé de la course elliptique de notre globe, les rayons solaires le frappent pleinement, perpendiculairement. Nous sommes en plein été.

Entre ces deux extrêmes se situent, dans une première phase, le printemps, puis, dans une seconde, l'automne. Cette ronde crée donc les saisons. À cette rotation de la Terre s'ajoutent les grands courants marins, comme le Gulf Stream, par exemple, au nord-ouest de l'Europe, et les grands mouvements de l'air qui créent les vents désignés sous le nom de « force de Coriolis ».

Cette rotation de la Terre autour de son axe (nord-sud) n'est pas parfaite, immuable ou fixe. Un peu comme une toupie en fin de course, elle oscille sur elle-même, avec régularité. Ces changements d'inclinaison atteignent jusqu'à 2,5 °, mais sur une durée de 100 000 ans, et peuvent produire des modifications climatiques importantes, voire catastrophiques, comme ce fut le cas pour la période glaciaire que connut l'homme préhistorique, au paléolithique inférieur et moyen, période pendant laquelle 25 % des terres furent couvertes de glace jusqu'à il y a 15 000 ans (c'est-à-dire le paléolithique supérieur).

Les spéléologues retrouvèrent des blocs de quartzite et de granit dans des galeries profondes (à – 150 m) dans le gouffre d'Esparros (Hautes-Pyrénées), entraînés et déposés là par les glaciers qui s'étendaient jusqu'au plateau de Lannemezan, plus au nord.

Dans la vallée du Larboust (ouest de Luchon), le pyrénéiste Maurice Gourdon, à la fin du XIXe siècle, avait eu la patience de recenser les blocs erratiques (donc charriés par les glaciers descendant des sommets d'Oô) ; il en avait repéré et numéroté à la peinture 333 parmi les plus gros et 2 616 de moindre taille !

Actuellement la Terre se réchauffe clament les médias en quête de sensationnel. Avant un nouveau retour à une autre période glaciaire… Mais nous avons le temps !

Tout ce rapide rappel des leçons apprises sur les bancs de l'école nous fait mieux comprendre la diversité de nos Pyrénées (eh oui ! nous revenons à elles) tout au long de l'année.

CI-CONTRE

Bivouac dans le massif de Bacanère (2 193 m, Haute-Garonne).

Un bivouac à cette saison n'affronte plus les rigueurs de l'hiver ; certes les nuits sont encore très froides, mais le spectacle est toujours fastueux.

Dès l'aube, les oiseaux saluent le jour nouveau

IMPERCEPTIBLEMENT, JOUR APRÈS JOUR, on « sent » un certain changement dans la nature. Le froid perd de sa rigueur, des bourgeons décorent les branches des arbres fruitiers, le jour se lève plus tôt, la nuit tarde à envahir les vallées. Si l'on a la chance (comme l'auteur de ces lignes) d'habiter au milieu des champs et face aux Pyrénées centrales, ce n'est plus le réveil qui nous tire des bras de Morphée, mais les gazouillis des oiseaux tout heureux de saluer le jour nouveau.

Ce sont tout d'abord les moineaux turbulents qui piaillent à qui mieux mieux, perchés sur la moindre branche. Les pinsons des arbres, migrateurs partiels, tout heureux de retrouver leur chez-eux, entonnent leur chant rapide formé d'une douzaine de notes accélérées. Les chardonnerets, eux aussi migrateurs revenus au « bercail », lancent leur « ti – dit » ou leur « tswiit – wiit – wiiit ». Les rouges-gorges nous offrent leur chant mélodieux, aigu, varié, articulé autour de leurs cris classiques « tic – tic – tic ».

Puis, la saison avançant, les rossignols improvisent leur mélodie par des notes sifflées allant en crescendo, alternant leurs musicales roulades.

Les merles, grands matinaux, sont parmi les premiers à flûter dès les premières lueurs du jour. Ils prennent le relais des chats-huants qui se sont épuisés toute la nuit à hululer, emplissant l'air de leur cri sinistre, semblable à un ricanement méchant.

Les tourterelles, peu sauvages, roucoulent jusque sous les fenêtres ! En avril, dans les bois, les coucous – ces sans-gêne qui accaparent le nid des autres pour y déposer leurs œufs – lancent inlassablement leurs appels monotones sur deux notes, se répondant les uns aux autres.

Dans les labours et les pâturages, les alouettes lulus égrènent leurs cascades musicales. Leurs cousines, les alouettes des champs montent très haut pour atteindre les premiers rayons du soleil, accompagnant leur vol papillonnant d'un chant rapide et joyeux.

En mars ou avril, les hirondelles reviennent du Sud où elles s'étaient exilées pour échapper à l'hiver. Elles strient le ciel de leur vol fulgurant et précis. « L'hirondelle ne fait pas le printemps », déclaraient nos ancêtres… « mais elle y contribue ! », ajoute la boutade. Cependant, le retour de ces passereaux annonce indiscutablement l'approche de la belle saison.

Au printemps encore, la chauve-souris se réveille et sort de sa grotte. Au risque d'exprimer une lapalissade des plus niaises, rappelons que la chauve-souris n'est pas un oiseau, pas plus que la baleine n'est un poisson ! Elle est le seul mammifère volant (famille des chéiroptères). C'est l'animal aimé des spéléos qui la connaissent bien pour la

Portet-de-Luchon (Haute-Garonne) se libère peu à peu de l'hiver. **Seuls les sommets conservent encore un liseré immaculé. Le réveil est lent, comme pénible. Mais bientôt les paysans mèneront leurs troupeaux sur les pentes herbeuses ; également, ils s'adonneront aux travaux des champs.**

EN PAGES SUIVANTES

Randonnée dans la forêt de Sourzay (montagne d'Occabé, Pyrénées-Atlantiques). **Feuillage naissant, au vert tendre, léger, vaporeux, propre au printemps… Lumière et chaleur douces… On ne peut rester insensible à une marche silencieuse en sous-bois !**

EN PAGES **56-57**

En montant au pic de Bazès (1804 m, Hautes-Pyrénées). **Si la haute montagne conserve encore son caractère hivernal, l'ascension de sommets plus abordables est loin d'être banale. Bien souvent, ils sont d'admirables belvédères. Ici, à gauche : le Balaïtous (3144 m) ; au centre-droit : le Grand Gabizo (2692 m).**

Parapente à Val Louron (Hautes-Pyrénées). **Les parapentistes s'en donnent à cœur joie dès le printemps : grandeur et beauté du décor au milieu duquel ils évoluent, « pompes » généreuses (courants ascendants)...**

Trébons-de-Luchon (Haute-Garonne): **clocher carré sur l'abside semi-circulaire, la petite église romane et le petit cimetière. Bien qu'exposés au sud, les dernières neiges de l'hiver y persistent, mais pour peu de temps : le printemps est là !**

rencontrer au cours de leurs explorations, et cela parfois à de très grandes profondeurs : jusqu'à 400 m sous terre et à des kilomètres de l'entrée ! Si l'on compte 975 espèces dans le monde, une trentaine seulement vivent sur notre sol français, dont la plupart dans les Pyrénées.

L'hiver touchant à sa fin, les chéiroptères s'extraient lentement de leur sommeil, sortant de leur caverne tutélaire pour reprendre leur chasse nocturne ; et elles ont bien besoin de se nourrir après des mois de jeûne !

La nature ne cessera pas de nous étonner. L'accouplement a lieu en automne, mais la fécondation ne s'opère qu'au début du printemps suivant; cela pour passer l'hiver sans problème. Les nouveau-nés, qui viennent au monde nus et les yeux fermés, s'accrochent énergiquement au corps de la mère. Pendant le premier mois de leur existence, les petits restent ainsi agrippés, au repos comme en vol ! Effectivement, la nuit venue, la mère part en chasse avec son précieux, mais encombrant, fardeau qui gêne ses évolutions et alourdit ses déplacements aériens. On peut voir ces chauves-souris voler dans les villages, autour des maisons illuminées ou des lampadaires, car elles savent que ces lumières attirent les insectes (papillons, moustiques, etc.) dont elles vont se gaver.

Maintenant, observons les oiseaux. Toute la journée, nous les voyons évoluer, s'éparpiller, se reposer sur les branches, un brin d'herbe ou une courte paille au bec : ils construisent leur nid, brindille après brindille, avec patience et ingéniosité, qui dans une haie, qui au milieu des branches serrées d'un arbre protecteur. Haut perchées au bout d'un hêtre ou d'un bouleau, les pies préparent aussi leur construction pour s'occuper après, de leur progéniture.

Sur le versant sud de la chaîne, en Navarre et en Aragon notamment, les cigognes, sans gêne, squattent les tours, les remparts des églises, tout en caquetant sans cesse au beau milieu des villes et des villages !

Le petit cirque d'Anglade (Ariège). **S'il est loin d'avoir la grandeur et la majesté du cirque de Gavarnie, il n'en est pas moins un site de paix et de bonheur. Il conservera encore longtemps – même durant une bonne partie de l'été – un grand névé, à la base de la cascade, qui se réduira progressivement comme peau de chagrin.**

Ascension au pic de Pichaleyre (2626 m, Hautes-Pyrénées). **En plein après-midi, le soleil cogne dur ! Gare aux coups de soleil ! Les torrents qui, jusqu'à présent, taraudaient leur course sous l'épais manteau neigeux, creusent leur canal et caracolent maintenant à l'air libre**

La montagne découpée en étages

Les arbres aussi participent à ce réveil de la nature en se parant de bourgeons, de pousses nouvelles d'un vert tendre. Les pêchers, les cerisiers, les poiriers égaient les paysages de leurs fleurs colorées.

Du bas des vallées jusqu'à la pointe des cimes les plus élevées, la végétation se diversifie en fonction de l'altitude. Cette variété est due à la température, aux précipitations (pluie et/ou neige), au degré hygrométrique, à l'exposition générale (versant nord ou sud), au vent et surtout à l'ensoleillement.

L'altitude, par ces conditions qui lui sont propres, dicte les différences de tous ordres dans la végétation. Théoriquement, on schématise ces clivages par des tranches horizontales, appelées étages. Il en est ainsi pour les fleurs comme pour les arbres.

Chez ces premières, par exemple, la scille « démarre » très bas, dans les vallées, mais ne dépasse guère 1800 m d'altitude. La parnassie des marais gagne courageusement les 2500 m. Le myosotis, si discret que les Anglais l'appellent le « Forget-me-not » (« ne m'oubliez pas » !), accapare les pentes, de 1400 m jusqu'à 2800 m. La saxifrage à feuilles opposées, peu frileuse, fleurit les sommets jusqu'à 3000 m. L'une des plus courageuses est la benoîte des montagnes qui se perche jusqu'à 3300 m ! Et l'edelweiss, la plus célèbre de nos fleurs ? Exigeant, on ne le trouve que sur sols calcaires, mais entre 1800 m et… 3400 m, altitude maximale de la chaîne, puisque c'est l'Aneto qui, avec ses 3404 m, en est le « toit ».

Quant aux arbres, ils abandonnent l'escalade au-delà de 2400 m, zone où l'enneigement est trop long pour qu'ils puissent y subsister. Schématisant, nous dirons qu'à l'« étage collinéen » (des… collines) – entre 0 et 1000 m – prolifèrent les forêts de chênes et de châtaigniers ; à l'« étage montagnard » – entre 1000 et 1800 m –, c'est au tour du sapin, du pin sylvestre, du hêtre de prendre le relais. Enfin, à l'« étage subalpin » – de 1800 à 2400 m –, c'est la forêt de pins qui domine.

Mais il ne s'agit là – rappelons-le – que d'un découpage purement théorique ; la nature se charge, bien souvent, de démentir et de contredire tout ce que l'homme aurait la prétention d'affirmer.

Les lacs : la plus belle parure des Pyrénées, mais aussi richesse inépuisable

La Terre entière semble sortir de la longue léthargie de l'hiver ; la vie s'éveille, sous toutes ses formes, animales, végétales et même minérales et aquatiques.

Minérales ? Les crêtes noircissent, les falaises se dégagent lentement des neiges qui les recouvraient ; seuls, les vallons gardent encore, mais pour un temps, quelques névés tardifs.

Aquatiques ? Les cascades de glace s'étiolent, fondent, s'écroulent et disparaissent, cédant la place aux torrents vertigineux qui, il y a à peine quelques mois, leur avaient donné naissance. La couverture glaciaire des lacs s'affaisse, se craquelle, se brise et bascule en plaques qui partiront lentement à la dérive pour s'effacer sous le soleil de plus en plus chaud.

Ces lacs retrouveront leurs couleurs de jade, d'émeraude ou de saphir pour parer délicieusement les grands massifs montagneux. Leur grâce, leur charme, leur mystère séduiront les randonneurs ; mais c'est surtout aux premiers jours de l'été qu'ils atteindront l'apogée de leur splendeur.

Ah ! Les lacs pyrénéens... On estime leur nombre entre 1 200 et 1 500 dans la totalité de la chaîne. Lacs glaciaires ou artificiels, simples gourgs minuscules dans un repli herbeux, lacs d'altitude où flottent toujours durant tout l'été des icebergs chancelants, vastes étangs ariégeois ou catalans occupant tout un cirque... À l'aube du printemps, ils ont tous leur attrait, leur grâce, leur séduction.

Certains constituent une richesse inouïe : la houille blanche ; une énergie propre, inépuisable, éternellement renouvelée. Mais quels chantiers ahurissants et gigantesques a-t-il fallu entreprendre pour la construction de ces barrages ! Un travail pharaonique, de Romains, digne des travaux d'Hercule ; qu'on veuille bien excuser, là, ces anachronismes !

Des années d'études sur place, bien sûr, pour savoir si le terrain et les deux versants rapprochés en un point précis d'une vallée d'altitude pouvaient supporter en toute sécurité l'édification de telles constructions et la poussée colossale des eaux emprisonnées. Il s'écoule près de dix années entre les premières études du projet et la mise en eau de la retenue terminée et opérationnelle.

Ces chantiers achevés, il faut régulièrement contrôler les ouvrages, régulièrement vider ces retenues (comme on vide une vulgaire baignoire !) pour examiner les vannes à l'intérieur des galeries souterraines, les conduites, les connexions, le mur lui-même. Tous ces barrages sont suivis, scrutés ; ils sont placés jour et nuit sous une surveillance constante, permanente. Par exemple, les deux grands lacs de Laparan et de Gnoure (Ariège) sont observés... à distance, grâce à un système de télémesures. Les ingénieurs responsables peuvent suivre, depuis Auzat (en bas, dans la vallée), mais aussi depuis Toulouse et même Grenoble, les variations de structure, au 1/10e de millimètre près !

Quelques chiffres concrétiseront ces entreprises et constructions colossales, ainsi que toutes les mises en œuvre pour leur fonctionnement ; une simple énumération de chiffres qui feront penser, peut-être, à un guide des records ! Côté français, une cinquantaine d'ouvrages importants maîtrisent ces eaux de haute montagne.

EN PAGES 60-61
La cascade de Lutour (Cauterets, Hautes-Pyrénées).
Sous le soleil de plus en plus chaud, la neige fond rapidement, décuplant le débit des torrents. Les cascades grondent, hurlent, lancent dans l'air des volutes d'embruns. Spectacle étourdissant.

EN PAGES 62-63
Au sommet du Cap des Clòsos (2 416 m, Catalogne). **Je ne me lasse jamais d'y monter à toutes les saisons, et même d'y bivouaquer, en hiver comme au printemps. La vue sur le massif de la Maladeta, au centre, a quelque chose d'envoûtant !**

CI-CONTRE
L'estany de Mar (2 251 m, Catalogne).
En venant des estanys de Rius et en débouchant à la Collada del Estany de Mar, la surprise est de taille : au loin, le Montardo (2 833 m) ; à nos pieds : le grand lac encore emprisonné par les glaces, et les névés qui fondent comme... neige au soleil.

Une partie du lac de Mediano (510 m, Aragon). **La « houille blanche » ! Le barrage, construit en 1969 dans un resserrement de la vallée du rio Cinca (ou Zinca), a créé cet « embalse », retenue colossale : près de 13 km de longueur et 3 km pour sa plus grande largeur. Il a englouti au fond de ses eaux un village entier, celui de Mediano. Sa couleur semble irréelle, d'un vert lumineux, comme fluorescent. Les berges se découpent en des profils étonnants. (Photo aérienne ; pilote : Éric Soulé de Lafont)**

Le lac du Portillon (Haute-Garonne).

À 2 571 M D'ALTITUDE, il est le lac artificiel le plus élevé de France. Vu son altitude, d'énormes travaux ont été nécessaires à sa construction au début du XXe siècle : pour la montée des ouvriers et du matériel, un sentier pavé a été tracé, parfois taillé dans le roc. L'acheminement de tous les matériaux et de tous les équipements sur près de 1 500 m de dénivellation, ainsi que la construction de baraquements pour les équipes précédèrent l'édification même du barrage. Les eaux du lac Glacé (2 659 m), situé très à l'ouest, traversent souterrainement la Tusse de Montarqué pour tomber dans ce lac du Portillon.

De là, un tunnel de 4 km achemine toutes ces eaux dans la vallée du Lis (altitude de l'usine hydroélectrique : 1 149 m), en passant sous le pic Quayrat (3 060 m) ! Lors de cette entreprise, en 1929, un drame affreux survint. Le captage final se fait souvent en creusant une galerie sous le lac et en remontant vers son fond pour y déboucher. On se doute que ce percement sous une telle masse d'eau n'est pas sans danger.

Il restait à peine une dizaine de mètres à creuser… Mauvaise évaluation de l'épaisseur du granit ? Faille, fragilité du terrain ? Le plafond explosa, et les eaux s'engouffrèrent dans la galerie, emportant les six malheureux mineurs.

Le lac de Laparan (Ariège).

SON BARRAGE, TOUT RÉCENT (1985), fut réalisé en « seulement » quatre années de travaux. Avec sa hauteur de 106 m, il est le plus haut mur des Pyrénées, pour une retenue de 16 millions de mètres cubes d'eau.

Le lac de Lanoux (Pyrénées-Orientales).

QUELLE IMMENSITÉ ! Il est considéré comme étant le plus grand lac des Pyrénées françaises. Sa longueur est de 3 km pour une largeur moyenne de 500 m, sa profondeur de 85 m. Ce « château d'eau » retient 58 millions de mètres cubes d'eau. Par des galeries souterraines, l'eau est conduite aux usines électriques de l'Hospitalet-sur-Ariège. Une sacrée percée !

Avant la construction du barrage, les eaux du Lanoux se jetaient dans le Carol qui, à son tour, rejoint le Sègre, un affluent de l'Èbre, et finit sa course dans la Méditerranée.

Avec l'usine de l'Hospitalet, les eaux auraient été détournées de sa direction initiale et seraient donc restées en France pour rejoindre l'Océan. Alors, un accord fut conclu avec l'Espagne pour que les eaux lui soient restituées par une galerie passant sous le Puymorens… mais en quantité égale à celle prélevée sur le seul Lanoux !

Les eaux folles domestiquées

PARFOIS, LES CAPTAGES NE CONCERNENT PAS qu'un seul lac, mais tout un chapelet, ce qui implique tout un complexe de relations d'un lac à un autre. Il arrive que les eaux d'un lac, à une altitude insuffisante, soient « pompées » pour pouvoir se déverser dans le lac principal situé plus haut !

Le système hydraulique du massif du Néouvielle dépasse l'entendement ! Le lac d'Orédon (1 849 m) est le premier lac que rencontre le randonneur. S'il le voit à différentes époques de l'année, il constatera avec surprise que son niveau varie de plusieurs dizaines de mètres, preuve de son utilisation. Son barrage (en terre) fut construit dès… 1882 ! La demande en électricité des villes et surtout des industries est telle que EDF a trouvé dans ce massif du Néouvielle une richesse en houille blanche inépuisable !

Et le lac d'Orédon n'est qu'un maillon d'une chaîne d'exploitation de cette énergie. Tout le massif a été transformé en une véritable machinerie. Le lac d'Orédon, avec celui de l'Oule, alimente la centrale d'Éget (dans la vallée d'Aure), et leurs eaux contribuent également à l'irrigation des coteaux de Gascogne.

Un premier barrage d'un autre lac, supérieur (lac de Loustallat), apportait également son tribut à ce réseau. Puis, un grand barrage, mis en service en 1956, noya toute la plaine de ce Loustallat pour former le lac de Cap-de-Long ; ouvrage d'une hauteur de 100 m, pour 30 m d'épaisseur à sa base et 554 m de longueur… Il crée une retenue de 67 millions de mètres cubes d'eau. Son remplissage s'effectue en partie par les torrents voisins et à plus de la moitié par deux stations de pompage qui y déversent les eaux des lacs d'Aumar et d'Aubert, situés plus bas, en altitude. Dès lors, et après tous ces travaux, toutes ces eaux ne vont plus sur la centrale d'Éget, mais… du côté opposé, à la centrale de Pragnères, dans la vallée de Gavarnie. 40 km des galeries creusées au cœur de la montagne assurent ce transfert.

Et Pragnères reçoit en outre les eaux des lacs Dets Coubous (2 041 m) et de la Glère (2 103 m), avec ceux de Rabiet. Les eaux de la rive gauche du gave de Pau alimentent aussi l'usine, à savoir les torrents de la pente ouest du cirque de Gavarnie, le lac d'Ossoue (1 834 m), ceux de Cestrède (1 962 m) et ceux de l'Ardiden (2 400 m). Affolant ! On est pris de vertige…

Donnons un grand coup de chapeau à EDF qui, après toutes ces opérations titanesques, a nettoyé la montagne – et cela à grands frais et avec de grands efforts –, la débarrassant de tout le matériel apporté et installé pour la construction de ces barrages : rails, wagonnets, câbles, pylônes. Il ne reste pratiquement plus un seul boulon rouillé abandonné sur le sol !

Effectivement, d'un côté comme de l'autre de la chaîne, Français et Espagnols sont attentifs à l'environnement. La discrétion de leurs captages et des transports des eaux par des tunnels est telle que le paysage s'embellit et s'enrichit de ces retenues. Ces lacs créés rehaussent le charme des massifs par leurs teintes de jade, d'émeraude ou de saphir et leurs clapotis sur les berges de granit, toujours bordées de fleurs.

En Catalogne, un grand massif apporte une énorme contribution à la production électrique. Et pourtant, le randonneur qui circule dans cette région paradisiaque que sont les montagnes du Montardo et du Besiberri est loin de se douter de l'importance – et de l'ingéniosité – du complexe hydraulique ainsi réalisé.

Regardez (et admirez !) le majestueux Estany del Mar (l'« Étang de la Mer » !), à 2 251 m d'altitude. Le Besiberri Nord (3 014 m) se mire dans ses eaux d'opale. À votre droite, et assez haut, un orifice artificiel vomit une cascade. C'est la bouche d'un tunnel (de 3 019 mètres de longueur) qui, creusé au sein de la montagne, fait déverser ici les eaux des lacs de Rius situés au-dessus et dans un autre cirque ! De l'Estany del Mar, elles se jettent, à moitié via un tunnel, à moitié à l'air libre, dans l'Estany de la Restanque. Là, une galerie de 4 400 m canalise le torrent jusqu'au petit Estany de Montcasau (situé dans une autre vallée) qui reçoit encore – et de son côté – les eaux du lac inférieur du cirque de Colomers, lac inférieur qui collecte déjà tout le trop plein de… quarante-six autres lacs ou laquets. Mais encore plus à l'est de cet ensemble, dans une autre vallée, la quinzaine de lacs du cirque de Saboredo approvisionnent eux aussi ce collecteur de Montcasau (via Colomers), par une galerie de 3 093 m…

Arrivée au pic de Montinier (2 318 m, Aragon). **En cette saison, la neige porte bien, facilitant la marche. Les crêtes et les sommets sont souvent déneigés, invitant à une longue pause précédée par le traditionnel (et indispensable !) casse-croûte.**

Enfin, toutes ces eaux recueillies font tourner les turbines de la centrale d'Artiès (1 180 m), installée dans le Val deth Garona, à l'est de Vielha.

Affolant, non ? Au total : 11,739 km de souterrains discrets.

Tous ces lacs, artificiels et naturels, que l'hiver a immobilisés et cachés sous une carapace de glace et de neige, vont lentement se découvrir pour reprendre vie sous le ciel bleu et chaud du printemps.

EN PAGES PRÉCÉDENTES

Le lac du Cascaret (2 100 m, Hautes-Pyrénées). **Sa berge tapissée de plaques herbeuses qui s'avancent sur l'eau et semblent flotter, les grands sapins qui le bordent lui donnent un petit air irréel et tout particulier.**

L'appel de la montagne

À TOUTE CETTE EFFERVESCENCE, à toute cette résurrection de la nature, à partir de mars ou d'avril, s'ajoute l'agitation des montagnards tout heureux de pouvoir repartir dans leurs montagnes tant aimées. Bien sûr, il y a eu durant les mois précédents, les « irréductibles », ceux qui n'eurent pas froid aux yeux – ni ailleurs ! – pour affronter la température implacable, les pentes avalancheuses, les crêtes balayées par les bourrasques dignes du Grand Nord.

Avec ce qu'il est convenu d'appeler « les beaux jours », la gent montagnarde, de tous niveaux, se remet en route. Certes, l'hiver n'est pas fini ; mais les jours plus longs, le froid moins agressif et surtout cette bonne neige transformée, bien tassée, les crêtes souvent dégagées, tout cela redonne à la montagne un air bon enfant. C'est à cette époque que l'on peut attaquer l'Aneto (3 404 m), les Posets (3 375 m), les grands sommets de Gavarnie dont le Mont-Perdu (3 355 m). Mais attention : ces courses-là ne sont réservées qu'à des montagnards aguerris, possédant un parfait entraînement, une excellente technique et une connaissance totale de l'ascension dans ces conditions (alternance de montées à skis, de progressions en crampons, de grimpées sur glace dure, de marches taillées au piolet, de franchissements verglacés et dangereux, dûment encordés). La montagne n'est pas un jeu d'enfant.

Non ! La montagne n'est pas un jeu d'enfant ! Et les pyrénéistes le savent bien, puisqu'ils redoutent toujours les avalanches qui ne sont pas l'exclusivité de l'hiver. Les chutes de neige – et il y en a beaucoup en altitude – qui s'accumulent sur la couche hivernale dure et tassée ne peuvent s'y souder, s'y accrocher. Cette non-adhérence fait que cette masse récente ne demande qu'à glisser à tout moment. Les avalanches de printemps sont plus nombreuses, plus inattendues et donc plus meurtrières que les avalanches de décembre…

Un exemple, parmi tant d'autres, hélas ! Le 7 mars 2004, un groupe de sept skieurs randonnait dans un massif du Moudan, au sud d'Aragnouet (Hautes-Pyrénées), en vue d'atteindre le pic de Cuneille (2628 m), un sommet bien débonnaire… débonnaire, mais en été. Les skieurs s'élevaient dans un petit cirque, vers 2500 m, exposé au nord, donc au froid, ce qui diminue généralement les risques d'avalanche.

Or, une soudaine coulée de neige emporta trois d'entre eux. Si deux skieurs en sortirent indemnes, le troisième (ou plutôt la troisième) – une jeune femme de 24 ans – fut retrouvée tardivement, en état d'hypothermie ; et cela malgré l'expérience de l'équipe qui disposait, en montagnards chevronnés, de pelle à neige, d'appareils « ARVA » et de sondes.

Transportée par hélicoptère au centre hospitalier de Tarbes, elle demeura dans un coma profond durant près de vingt heures. Puis, malheureusement, elle succomba…

La montagne fascine

LE PRINTEMPS N'EST PAS UNE SAISON INTERMÉDIAIRE, une sorte de saison secondaire, entre l'hiver et l'été. C'est une saison à part entière, avec ses possibilités nouvelles, et donc différentes, de balades et d'ascensions à la découverte d'une nature toute « neuve ». Avec le printemps, tout renaît. Que de beaux sommets à atteindre dans une ambiance encore hivernale, certes, mais marches facilitées par ces conditions printanières. Quelques suggestions, d'est en ouest : le Canigou (2784 m), le Puigmal (2910 m), le Carlit (2921 m), le Montcalm (3078 m), le Valier (2838 m), le Perdiguère (3222 m), le Taillon (3144 m), la Peña Collarada (2886 m), le pic d'Anie (2504 m)… Bien d'autres montagnes de statures et d'altitudes moins

Ascension au Mont Fourcat (2001 m, Ariège). **Rien ne manque : une montée de tout repos, du moins insouciante, un coup d'œil fantastique et une mer de nuages qui vous coupe du monde… « Elle n'est pas belle, la vie ? »**

Le cirque de Gavarnie (Hautes-Pyrénées), depuis les Espuguettes (2027 m). **Assis sur la pelouse sèche et chaude, on passe une grande partie de la journée à contempler, à déguster ce décor théâtral : la Tour (3009 m), le Casque (3006 m), la Brèche de Roland (2807 m), le Taillon (3144 m) et le Gabiétou oriental (3031 m).**

Au Tozal de San Vicenda (2 092 m, Aragon). **La récompense suprême ! Le spectacle émouvant (de gauche à droite) du Marboré (3 248 m), et, dans les nuages, du Mont-Perdu (3 355 m), du Ramond (3 253 m), de las Olas (3 002 m). La « grande crevasse » ? Le canyon de Niscle.**

Le massif Marboré-Mont-Perdu, vu depuis le Taillon (3 144 m, Hautes-Pyrénées). **Ce sommet relativement facile à atteindre offre une vision parfaite et impressionnante sur cette partie orientale du cirque de Gavarnie.**

sévères sont tout aussi magiques ; il n'y a que l'embarras du choix. Une vie entière ne suffirait pas à les parcourir toutes !

Le printemps ? C'est aussi l'occasion d'arpenter des massifs encore plus modestes, mais riches en surprises, notamment les sierras catalanes, par exemple. Des marches faciles, enivrantes de liberté, rapides pour aller d'une crête à une autre, d'un ravin à un sommet, d'un col à des villages perdus, souvent abandonnés, déserts et silencieux, toujours riches en passé.

C'est l'occasion de surprendre mille secrets, mille mystères, comme ces « monuments mégalithiques » dressés par les bergers de la préhistoire, il y a 4 000 ans, à la même période que celle où les pharaons faisaient édifier leurs pyramides ! Cromlechs, alignements, dolmens couvrent toute la chaîne pyrénéenne. Ils ne sont pas tous répertoriés, loin de là. Il faut circuler sur les croupes herbeuses, sur les replats, sur les cols, l'œil attentif pour les déceler. Que d'émotion lorsque, de loin, un assemblage de dalles rocheuses d'aspect bizarre retient l'attention. Cette émotion grandit lorsque, s'en approchant, on distingue progressivement les deux murs latéraux et la « table », en guise de toit, qui composent un dolmen. Bien sûr, nous ne sommes pas des découvreurs, nous ne sommes pas les premiers à les identifier, mais les rares chanceux (chanceux parce que curieux et attentifs) à les remarquer, à les déchiffrer aussi.

Un jour, dans une sierra rarement fréquentée, je cassais la croûte, à l'ombre d'un arbrisseau sauvage, le dos appuyé à un gros rocher. Je sentis progressivement que

Le pic de Montpius (2 276 m, Catalogne) : un belvédère exceptionnel. Le massif de la Maladeta, le plus élevé des Pyrénées, est là, s'exposant devant nous, dans toute son élégance, dans toute sa grandeur, dans toute sa magnificence. Ses dix-huit « 3 000 » embellissent son arête céleste. On reste sans parole.

Bivouac au Montpius (2 276 m, Catalogne). 2 heures du matin. La lune, au zénith, éclaire d'une lumière douce et blafarde le massif de la Maladeta. Dans le ciel profond, les étoiles décrivent lentement leur ronde autour de la polaire. Silence, poésie, paix, bonheur…

Bivouac au Cap de Bouirex (1 873 m, Ariège). Un bivouac sans prétention. Au loin, les lumières de la plaine… Quelques brindilles arrachées sous la neige pour entretenir un petit feu qu'on entoure… Voilà, tout de même, une soirée bien sympathique avant de regagner nos tentes.

Sierra de San Salvador (Catalogne). **Le printemps ? C'est la saison rêvée pour découvrir les sierras espagnoles aux décors étranges. Au cours des millénaires, les vents et les pluies ont sculpté dans les conglomérats de puissants châteaux forts, avec leurs remparts, leurs créneaux, leurs tours, leurs échauguettes…**

Massif de la Pisquera-Désert de Bardenas (Navarre). **Le printemps ? C'est aussi la saison idéale pour randonner dans des régions désertiques qui, en plein été, sont surchauffées, brûlées par le soleil et étouffantes. En fait, à chaque saison correspond un type d'excursion.**

CI-CONTRE

Sous la tente, au Signal de Bassia (1921 m, Hautes-Pyrénées). **La douceur du printemps invite à entreprendre des randonnées en circuit sur plusieurs jours. Une façon un peu sauvage de parcourir une portion des Pyrénées. À la fin d'une journée de longue marche, quel plaisir de dresser sa tente face à un si beau paysage !**

Le dolmen de la Casa Encantada (Sierra de San Gervàs, Catalogne). **Les sierras, désertiques aujourd'hui, étaient habitées et fréquentées par les bergers de la protohistoire, il y a 4000 ans. Témoins, les « monuments mégalithiques » que l'on peut y rencontrer au hasard d'une balade : alignements, menhirs, cromlechs et dolmens.**

« quelque chose » d'indéfinissable m'intriguait. Je détaillai alors les lieux. J'étais adossé à l'un des blocs qui, en cercle, composaient un très beau cromlech !

Le printemps ? C'est une foule d'activités sportives ou en relation avec la nature et sa découverte, qui vont se développer, s'amplifier avec l'été. Parmi l'une d'elles, et justement parce qu'elle débute aux premiers jours de cette saison (et même légèrement avant), est la pêche à la truite !

L'ouverture de la pêche à la truite ! Le jour est à peine levé que les berges des rivières, jusque-là désertes, sont longées sans relâche par les passionnés qui, canne à la main, rusent avec dame truite ! La Garonne, mais aussi cent ruisseaux, cent torrents sont terrains de jeux et de prédilection – en un mot : le paradis – comme l'est la falaise pour le grimpeur ou le sommet pour l'alpiniste.

« La saison de pêche dure six à sept mois, de début mars à mi-septembre dans le Sud-Ouest. La truite habite toutes les eaux pures et bien oxygénées. Les meilleures rivières de notre région sont notamment le gave de Pau entre Bétharram et Lourdes, le même au-dessus de Pierrefite, le gave d'Oloron jusqu'à Navarrenx, le Saison, le Vert autour d'Aramits. Sans oublier toutes les petites Nives ainsi que la grande Nive à l'aval de Saint-Jean-Pied-de-Port, le Lhauribar et le Bastan. » (*Connaître la pêche à la mouche*, de Guy-Marie RENIÉ, Éditions Sud Ouest).

Dès le dégel des lacs en montagne (d'avril à juin), le randonneur-pêcheur troque son piolet pour la canne à lancer léger. Dans un cirque minéral où grondent les cascades qui ont retrouvé leur turbulence, le pêcheur s'avance discret, sur les rives d'un lac à la teinte turquoise. Il est au comble du bonheur, au milieu de son élément !

Son sommeil hivernal ayant pris fin, la marmotte sort de son terrier avant le lever du soleil, avec précaution, inquiète, scrutant avec soin les environs. Puis, elle va prendre son déjeuner composé de plantes juteuses et de bulbes, sans trop s'écarter de son trou. (Photo Pol-Yvon Kis)

Isards au lever de soleil, dans le massif de l'Ossau (Pyrénées-Atlantiques). L'isard se réveille très tôt, bien avant l'aurore pour monter vers des pelouses que réchaufferont sous peu les premiers rayons de soleil.

Les animaux sauvages courent, gambadent, s'amusent, ivres de liberté

Pour le montagnard, sac sur le dos et piolet à la main, ce sera encore une redécouverte de toute cette vie qui donne un attrait si particulier à nos Pyrénées. Un cri strident fouette le grand silence et auquel les falaises abruptes répondent par l'écho : c'est le sifflement de la marmotte qui, sortie de son long sommeil hivernal, se chauffe au soleil, assise sur un rocher dénudé. Coléreuse, elle crie après l'intrus qui l'a dérangée dans sa sieste !

Absente de nos massifs depuis des siècles, elle fut réintroduite en 1948, d'abord dans la vallée de Luz, par un grand chasseur, le docteur Couturier, qui se vantait de son palmarès en hécatombe d'ours ! De 1952 à 1954, ce fut François Boyric (autre chasseur) qui en relâcha en vallée de Cauterets. Le Parc national, à son tour, se fit un point d'honneur de prendre en charge ce repeuplement.

La marmotte creuse son terrier sous les rochers de granit ou de calcaire où elle passe la plupart de son temps. Lorsqu'elle en sort, c'est juste pour prendre un bain de soleil sur un caillou voisin, l'oreille aux aguets, prête à bondir et à plonger dans son abri !

Sur les flancs escarpés, mais herbeux, des hautes vallées, l'isard paisse goulûment, privé de sa nourriture lorsque la neige recouvrait toute végétation. Après les sévices de l'hiver, sa robe n'est guère attrayante. Habitué à la solitude des grands froids, il demeure sauvage en ces premiers mois de l'année, attentif à tout bruit, à toute présence inhabituelle. Les chasseurs d'images auront du mal à les approcher. Déjà, au temps lointain de la préhistoire, l'isard était un

Étonné, intrigué, inquiet ? Assurément, ce très jeune isard voyait un homme pour la première fois ! Puis, en un clin d'œil, s'extrayant du fourré avec bruit et précipitation, il galopa… jusqu'au bout de la montagne et disparut ! (Photo Jacques Baro)

gibier de choix pour les chasseurs magdaléniens ; pour preuves, ces représentations (gravures… isards ou bouquetins ? Interprétation parfois difficile) dans certaines grottes, et les restes osseux retrouvés dans les foyers.

Très près de nous, encore et toujours chassée, l'espèce était en voie de disparition vers la fin du XIXe siècle *« tant et si bien qu'avant la Première Guerre mondiale, on ne voit plus d'isards sur le versant français »* (Marcel Spont).

Sur l'initiative du Conseil supérieur de la chasse et à l'instigation des Parcs Nationaux, il a été créé plusieurs réserves. L'espèce est sauvée, et l'isard abonde à nouveau

Dans la forêt à la lumière tamisée par le mince feuillage, mince parce que nouveau, un craquement léger intrigue le randonneur qui, attentif, s'arrête et, sans bruit, guette dans sa direction. Une biche évolue calmement mais toujours aux aguets, prête à déguerpir à la moindre alerte. (Photo Jean-Luc Baro)

Allure fière et puissante, ramures impressionnantes, le cerf, pourtant méfiant, ne sort de la forêt qu'en fin de journée. (Photo Pol-Yvon Kis)

dans nos Pyrénées. Rien que dans la réserve d'Orlu (4150 ha), il a été recensé 1329 individus en 1990.

Même le montagnard le plus assidu ne se lasse pas de regarder évoluer une harde d'isards, au hasard d'une ascension. Vifs, rapides, ils sont aussi à l'aise sur le rocher le plus redressé que sur la neige. Sur un rocher au Balaïtous, je vis un jour un isard « escalader » une muraille si verticale que ses sabots glissèrent des prises, et qu'il dégringola d'une bonne dizaine de mètres, sur le dos. Un peu sonné, et après quelques secondes de répit, il regrimpa, mais cette fois par une autre voie, pourtant aussi raide ! Sur la neige : l'isard semble avoir inventé la « ramasse », faisant porter tout le poids du corps sur l'arrière-train, pattes avant tendues, pattes arrière pliées frottant sur la neige pour freiner la vitesse !

Toujours sur le qui-vive. Par exemple, lorsqu'un animal a repéré un quelconque danger ou un randonneur, il pousse un chuintement, le fameux « pscheu-eu-eu-eu... » entendu si souvent par les familiers de la montagne. Et en un éclair, c'est la course rapide, affolée et légère sur des kilomètres ; versants abrupts, crêtes, creux, falaises... Tout le terrain est « avalé » en quelques secondes !

Voisin de l'isard, par sa silhouette seulement, le mouflon est un... mouton sauvage, originaire de Chine. Il n'avait pourtant jamais existé dans les Pyrénées. Une tentative d'introduction dans le massif de l'Ossau en 1955 se solda par un échec. Une deuxième démarche en 1957 se cibla sur la région du Carlit (Pyrénées-Orientales). Six couples furent lâchés sur ce site qui fut tout de suite classé « réserve du Carlit » (3567 ha) et qui compte aujourd'hui plus d'un millier de têtes.

D'autres terrains furent choisis pour d'autres lâchers : (entre autres) Val Louron et Montaigu (Hautes-Pyrénées), sud de Saint-Béat (Haute-Garonne), Saint-Barthélemy (Ariège), sur les collines proches de Cucugnan (Aude), sans récompense quant aux résultats.

Les randonneurs qui sillonnent la région du Pibeste (sud de Lourdes) peuvent en surprendre, çà et là, quelques petits troupeaux.

Cousin de l'isard, le bouquetin s'est éteint, par son unique représentant, en janvier 2000, date à laquelle on a réalisé avec certitude sa disparition. Si ces « chèvres sauvages » vivaient paisiblement dans les montagnes de Sesques, d'Aspe et de l'Ossau, elles furent rapidement exterminées par les chasseurs au XIXe siècle, « friands » de ces animaux solitaires, de belle allure, habitués aux vires aériennes des ravins, notamment du célèbre canyon d'Ordesa (Aragon).

Les fameuses « clavijas » (crampons, longues barres de fer), au nombre de trente-deux, que connaissent bien ceux qui fréquentent le cirque du Cotatuero, furent scellées dans le roc d'une falaise vertigineuse, fendue par un violent torrent qui s'abîme en cascade.

C'est en 1881 que le forgeron de Torla, Bartolomé Lafuente, et son aide, Miguel Bringola, furent chargés d'équiper cette muraille, avec ces barres de fer, pour permettre à un riche chasseur anglais - sir Buxtran - de traquer l'isard et le bouquetin sur les terrasses supérieures d'Ordesa.

Bien qu'il y ait ressemblance physique (vu de loin !) avec l'isard, le cerf est un ruminant (comme lui), mais de la famille des... cervidés. Cet animal gracieux se réfugie dans les forêts de moyenne montagne, comme pour se protéger par l'abondante végétation, car il est timide, vigilant, méfiant. Ce n'est que le soir qu'il se hasarde à en sortir. Il possède des cornes appelées, à tort, « bois », bien qu'elles soient constituées d'os. Elles tombent chaque année, vers mars-avril, et repoussent en trois mois ! Pour s'en débarrasser plus vite, le cerf les frotte contre les arbres, et les promeneurs n'ont plus qu'à les ramasser ; recherches – précisons-le – pas aussi faciles ni récompensées comme peut l'être la cueillette des champignons !

Avec l'âge, les bois se ramifient en cors, appelés aussi andouillers ; ils se terminent par des empaumures comptant plusieurs pointes (les épois). Un cerf adulte peut arborer jusqu'à douze andouillers.

C'est un vrai régal de surprendre dans le silence et dans la lumière tamisée d'une forêt, cerfs, biches et faons (nés au printemps) qui évoluent en toute quiétude.

Les Pyrénées étaient le royaume de l'ours, mais les chasseurs, durant les deux derniers siècles, se sont acharnés contre lui, tirant gloire et honneur (!) en en tuant le plus grand nombre. Les quelques survivants se cachent, apeurés. Seules rencontres, parfois : ses traces sur la neige.

L'ours... cet animal mythique des Pyrénées

Si toutes ces bêtes se comptent par milliers, l'ours, lui, – animal de légende –, est en voie de disparition. Déjà, dès le début de l'hiver, il s'enferme dans sa tanière, sorte de petite grotte, ou dans une « tute » naturelle sous des rochers. Enroulé en boule, il commence à somnoler et tombe dans une certaine léthargie (son cœur bat moins vite : de quarante battements par minute son rythme tombe à huit, et la température de son corps oscille entre 29 et 34 °C). Son hibernation n'est pas totale puisqu'il lui arrive de se réveiller à maintes reprises, à mettre le nez (pardon, le museau !) dehors, puis à regagner la relative tiédeur de son gîte. C'est pourtant à cette période-là qu'il met au monde un ou deux oursons, rarement trois, qui ne pèsent que 300 à 350 g.

Au printemps, le voilà bien réveillé ; il quitte sa tanière et part à la recherche de nourriture. Il broute l'herbe nouvelle, pêche dans les petits torrents, et fouine sous les pierres en quête de fourmis ou de larves d'insectes.

C'est en plein été qu'il devient la terreur des troupeaux de brebis et même de vaches, et... le cauchemar des bergers !

On peut dénombrer trois espèces d'ours dans les Pyrénées : l'ours des cavernes, l'ours des Pyrénées et... l'ours slovène !

L'ours des cavernes (appelé *Ursus speloeus*) a heureusement disparu depuis 7000 ou 8000 ans. Heureusement, car les spéléologues peuvent explorer les « cavernes » sans crainte de l'y rencontrer ! Mais elles devaient être terrifiantes, ces rencontres, au détour d'un couloir, entre l'homme préhistorique et cet animal redoutable, de la taille d'un jeune bœuf, si l'on en juge par ses ossements et surtout par les crânes retrouvés dans certaines grottes (par exemple, dans la grotte de Gargas, dans les Hautes-Pyrénées). On peut voir encore leurs profondes griffades sur les parois argileuses, labourées sur 2 m de hauteur (grotte de Montespan, en Haute-Garonne). Le chasseur magdalénien a fréquemment représenté cet animal : grotte de Montespan (statue en argile), de Marsoulas (Ariège), de Labastide (Hautes-Pyrénées), etc.

L'ours des Pyrénées, celui-là bien en vie, mais cependant en voie de disparition. Les Pyrénées sont le seul massif (en France) à compter des ours bruns. Par deux fois, j'ai rencontré des montagnards qui venaient de « le » voir, mais je n'ai jamais eu cette chance, du moins de près. C'est une occasion fort rare, puisque même les quarante gardes du Parc National ne l'ont vu qu'une vingtaine de fois en vingt ans ! En revanche, il n'est pas rare de croiser ses traces, et cela m'est arrivé à quelques reprises, dans les massifs du Burat et de l'Entécade (Luchonnais), au lac de Lhurs (Pyrénées-Atlantiques) ; et j'ai même failli y tomber dessus en émergeant sur un mamelon, aux abords du lac de Bareilles (vallée d'Aure) !

En 1930, on estimait leur nombre à quelque trois cents individus ; vers 1950, il n'en serait resté que soixante-dix. Aujourd'hui, on n'en dénombre que « quelques-uns » (moins d'une dizaine ?), répartis surtout dans les vallées d'Aspe et d'Ossau. Pourquoi cette extinction progressive ? La chasse ? Elle est interdite depuis des décennies. Le manque de nourriture ? Dégénération ? C'est plus probable. Il est bien connu que les espèces naissent, vivent et meurent. Il en fut ainsi de l'ours des cavernes et du mammouth.

Face à cette disparition de l'ours des Pyrénées, il a été tenté une introduction d'un ours de Slovénie. Cette entreprise déclencha une levée de boucliers de la part des éleveurs et des bergers. Sans entrer dans la polémique, voici ce que me déclara (à quelques mots près) un berger du massif de l'Ossau : « *Jusqu'à présent, on arrivait à vivre avec l'ours. Mes chiens veillaient, et la nuit je me levais souvent pour le faire fuir. Ça pouvait aller. Mais maintenant, les « Parisiens » (sic) nous mettent « un ours dans la bergerie » ! Et de plus, la maladie de « la vache folle » et la fièvre aphteuse s'installent chez nous. La nature et même l'homme se liguent contre nous !* » (propos recueillis en été 2001).

« L'ours n'attaque pas l'homme », entend-on dire souvent. Et pourtant... Il y a quelques années, un garde-chasse m'a raconté (sa voix tremblait encore !) comment il fut chargé par une ourse. Il eut une botte arrachée et eut juste le temps de foncer sur la pente raide et enneigée !

Le 27 septembre 1997, dans la montagne du Gar (Haute-Garonne), lors d'une battue au sanglier, un jeune chasseur fut atterré par une ourse qui s'approcha, menaçante, à moins de 2 m, au point qu'il dut son salut en déchargeant sur elle son fusil. Une enquête et un examen sur l'animal (il s'agissait de la célèbre Mellba, ourse slovène) confirmèrent les déclarations faites.

Dans son numéro du 2 juin 1993, la *Dépêche du Midi* titre : « Il grimpe à l'arbre pour échapper à l'ours. » Dans les Pyrénées-Atlantiques, au-dessus des Eaux-Chaudes, Pierre Gros, le berger menacé, conclut en quelques mots : « *Ce n'était pas un ours de très grande taille. Moi, je criais; lui, il continuait à avancer. Il s'est peut-être approché à 3 m de moi. Je n'ai fait ni une ni deux, le premier arbre à côté, j'y grimpai !* » Le fauve aurait ensuite humé l'arbre, puis serait reparti dans les bois.

Mais ce ne sont là que situations exceptionnelles, lorsque l'ourse veut protéger son petit qu'elle croit en danger. D'autres rencontres se déroulent le plus naturellement du monde, et ce contact entre l'animal et un montagnard laisse des souvenirs qui marquent toute une vie. « *Le souffle coupé, je vois alors la grosse bête apparaître, irréelle, à quelques dizaines de mètres. Aussitôt, je suis frappé par sa démarche souple, extraordinairement silencieuse. L'ours se rapproche toujours. Vingt mètres me séparent de lui quand il atteint un gros bloc contre lequel il se dresse posant dessus ses pattes avant. Un rayon de soleil frappe sa tête qui, sous cet éclairage, apparaît soyeuse et dorée. Je distingue très bien les petits yeux mobiles. Ainsi, debout, à petits coups de nez, il hume l'air du sous-bois, visiblement alerté, mais pas encore inquiet. Mon cœur ne parvient pas à retrouver son calme pendant les secondes, peut-être les minutes, qui suivent. Je comprends qu'il m'a détecté, alors que je n'ai pas bougé : son regard ne quitte plus ma direction. Je reste longtemps à me demander si je n'ai pas rêvé* » (Jean-Paul Crampe).

Le ciel, aussi, grouille de vie

Que de découvertes, d'études enrichissantes sur les lieux et sur le vif, le montagnard peut-il faire durant ses ascensions. Le sommet, s'il est le terme d'une longue marche, n'est en aucun cas le but unique de la sortie. Car, en fait, marcher ne sert à rien ! C'est un moyen merveilleux pour évoluer en toute liberté sur la moindre parcelle de nos Pyrénées, pour y surprendre – bien sûr – leurs fantastiques panoramas, mais aussi et surtout toute la vie qui l'anime et ajoute à son attrait. Dans ces lignes, nous n'avons fait qu'effleurer le sujet dans ses généralités.

Parvenus à la pointe d'un pic, fascinés, hypnotisés par les décors qui nous entourent ou que nous dominons, nous restons des heures, silencieux, à regarder... à regarder, tout simplement. Mais aussi à rêver et à étudier. « *Dans la nature, il y a plus que ce que l'on y voit : il y a ce que l'on y sent et ce que l'on y devine* » (Russell).

Une ombre court sur le sol; nous levons la tête. C'est un rapace qui, très haut dans le ciel, évolue en longues spirales. Nous sommes toujours charmés par l'élégance du vol des grands rapaces lorsqu'ils cherchent des courants ascendants et, les ayant trouvés, lorsqu'ils tournent en rond dans la « pompe » et s'élèvent, sans un seul battement d'ailes, jusqu'à disparaître dans les nues.

Lorsqu'ils planent, ces grands voiliers volent très lentement, leur vitesse moyenne allant de 30 à 50 km/h. S'ils passent au-dessus de nos têtes, nous entendons parfaitement – quelle impression ! – le sifflement de l'air sur leurs ailes déployées. Le vautour fauve surprend et inquiéterait presque avec une envergure variant de 2,30 à 2,80 m !

Le vautour fauve est un charognard déchaîné ! Dès qu'un animal mort gît à terre, toute une colonie se regroupe et s'acharne sur lui. C'est une bagarre générale pour dépecer la pauvre bête ! Une véritable curée ! (Photo Pol-Yvon Kis)

Essaim de chauves-souris (miniopères). Certaines grottes sont de véritables nurserys. Aux mois de mai-juin, tous les petits naissent presque le même jour. Les mamans chauves-souris ont fort à faire à s'occuper de leurs bébés turbulents (tous ces petits corps roses encore sans poils).

La jeune chorale paroissiale ? Non ! Simplement oisillons découvrant la vie et attendant le retour de maman partie à la recherche de quelques vermisseaux. (Photo Bernard Clos)

Les cigognes sont de retour ! En plein centre de la ville d'Ejea (Aragon), elles ont squatté le clocher de l'église, nullement gênées par le vacarme incessant des voitures et des bus qui circulent sous leurs nids.

Par contre, lorsqu'ils ont repéré une proie, ils ferment leurs ailes et, en un piqué d'avion à réaction, ils foncent sur elle à une vitesse foudroyante. Le faucon pèlerin peut atteindre dans ces cas-là 180 à 200 km/h !

Quelques rapaces, parmi bien d'autres :

L'aigle royal.
Très rare dans les Pyrénées. Tête proéminente, ailes très larges, queue assez longue et légèrement arrondie ; il rase le sol en quête d'une proie qu'il cherche à surprendre par derrière. Gare aux marmottes, aux lapins, et même aux oiseaux dans le ciel !

Le vautour fauve.
C'est le plus courant dans l'espace. Rarement seul, c'est en groupe qu'il évolue habituellement. Reconnaissable à son long cou « tordu », à sa couleur fauve, à ses ailes larges bordées de rémiges brun foncé, presque noires. Lorsque le groupe a repéré une carcasse d'animal (mouton, vache, etc.)… c'est la ruée et la curée ! Quelle orgie !

Le gypaète barbu.
Aussi grand que le vautour fauve, sa rareté fait que le voir dans le ciel relève de la chance. Ailes longues et pointues, queue noire cunéiforme, en fer de lance. Généralement solitaire, il s'abat sur tout, et sur tout ce qu'il reste à dépecer, même après le passage de ses collègues les vautours. Astucieux : pour briser les os de ses victimes afin d'en manger la moelle, il les emporte dans les airs et les laissent tomber sur un rocher où ils se brisent ! Ce qui ne l'empêche pas de manger également ces os ! Après un bon repas, il peut rester un mois sans manger…

Le percnoptère d'Égypte.
Ailes blanches bordées de noir, à la queue cunéiforme. Tête curieuse, comme masquée de jaune. Migrateur, chaque été il revient chez nous après l'hiver passé en Afrique. Lui, pour casser de gros œufs, il utilise des pierres !

Il y a encore le **milan royal**, ailes étroites et fortement coudées, avec taches blanches, queue d'hirondelle. Pirouettes aériennes et rase-mottes le caractérisent. Il y a encore le **milan noir**, friand de poissons, « petit » de taille (1 à 1,20 m). Son cri ressemble à un hennissement. Migrateur, il revient dans les Pyrénées du début mars à la mi-août.

Les Pyrénées sont un jardin sans limite, sans bordure et sans grillage

LA SAISON AVANCE, LES NEIGES ONT PRESQUE DISPARU ; les vallées, les vallons, les versants retrouvent leurs couleurs vertes que le soleil, patiemment, va embellir du vert tendre au vert très gras, couleur de la « bonne santé ». Lentement, des couleurs variées et délicates vont piquer ces pelouses monochromes : les fleurs, une à une, sortent de leur cachette hivernale… Les fleurs ! Une des plus belles parures de nos montagnes. Elles se diversifient, elles s'épanouissent jusqu'à l'automne, encore lointain.

Il existe près de 3000 plantes recensées sur toute la chaîne des Pyrénées, c'est dire l'importance et la richesse de nos versants lorsque les beaux jours reviennent. La flore de montagne se caractérise généralement par sa petite taille du fait d'une intense luminosité bloquant la croissance végétale, et du grand écart thermique entre les températures diurnes et nocturnes. L'adaptation se fait en fonction de l'exposition, du relief et de l'altitude. Ainsi, pour résister au froid et au vent, certaines espèces revêtent un manteau laineux, duveteux, comme l'edelweiss ou l'anémone printanière, d'autres comme la silène acaule se regroupent en petits coussinets compacts près des blocs de roche qui leur assurent protection contre les intempéries.

De plus, pour affronter les basses températures, certaines d'entre elles produisent des sucres solubles (au lieu de l'amidon) qui favorisent une meilleure résistance au gel. Pendant huit à onze mois de l'année, la neige recouvre les plantes d'un formidable manteau protecteur. Le cycle de floraison est donc très court (deux à quatre mois). Aussi ne faut-il pas manquer le moment propice de l'éclosion. C'est le cas du rhododendron qui, une fois découvert de son indispensable manteau neigeux, voit ses bourgeons éclore au grand jour, bourgeons déjà formés l'année précédente, sitôt la floraison de juin-juillet.

Les parfums et les couleurs des plantes ont un rôle essentiel dans leur pollinisation effectuée par les insectes. Certaines, comme la gentiane de Koch, ne sont pollinisées que par les papillons, unique animal capable d'arriver au nectar qui s'accumule à la base de la fleur.

Décrire toutes les particularités botaniques serait quasi impossible, aussi nous ne nous arrêterons qu'à quelques fleurs intéressantes et communes. Ainsi l'arnica, plante toxique comme le rhododendron, est pourtant la plus célèbre des plantes médicinales de montagne. Elle est aussi nommée tabac de montagne par les bergers qui fumaient ses feuilles et fleurs séchées.

La carline, elle, est sensible aux variations de l'humidité de l'air ; elle sert souvent de baromètre. Autrefois, elle était accrochée aux portes des maisons et des étables en vue de chasser les mauvais esprits et les maladies des vaches.

La ramondia des Pyrénées, nommée ainsi en hommage au célèbre botaniste Ramond de Carbonnière et vainqueur du Mont-Perdu (3355 m), était à l'origine une plante tropicale.

Quant à l'edelweiss, appelé aussi étoile d'argent, symbole de la fleur alpine et emblème de nombreuses associations de guides, il s'élève jusqu'à 3200 m dans les Pyrénées (5400 m dans l'Himalaya).

La grande gentiane jaune constitue la base de nombreux apéritifs. La grassette, comme la droséra (ou rossolis), est une plante carnivore. Les insectes ainsi capturés et digérés constituent un apport nutritif complémentaire qui compense la pauvreté des sols dans lesquels elle vit.

Le lys des Pyrénées, de couleur jaune, est, lui, endémique.

Par ces multiples regards portés sur le printemps, on réalise la richesse inouïe de cette saison. Les peintres eux-mêmes en ont fait souvent leur thème favori.

Le Printemps, de François Boucher ; *Le Printemps de la vie,* de Jean-Baptiste Camille Corot ; *Le Printemps,* de Francisco de Goya ; *Le Printemps, la fenaison,* d'Albert Grimmer ; *Le Champ au printemps,* de Claude Monet ; *La Petite prairie au printemps,* d'Alfred Sisley, etc.

Et le montagnard, à sa façon, est lui aussi un poète…

CI-CONTRE

1. La gentiane de Kock. **Floraison : de juin à août. Altitude : de 1200 m à 2500 m. (Photo Isabelle Jolfre)**

2. L'anémone. **Floraison : de mai à août (dès la fonte des neiges). Altitude : de 1200 m à 2800 m.**

3. L'aster des Alpes. **Floraison : de juin à août. Altitude : de 800 m à 2500 m.**

4. La campanule à feuilles rondes. **Floraison : de mai à septembre. Altitude : 1200 m à 3000 m.**

5. L'edelweiss, appelé aussi « étoile d'argent ». **Elle est la plus célèbre des fleurs montagnardes. Floraison : de juillet à septembre. Altitude : de 1800 m à 3400 m.**

6. Le lys des Pyrénées (endémique). **Floraison : de mai à juillet. Altitude : de 800 m à 2300 m. (Photo Isabelle Jolfre)**

1

2

3

4

5

6

Les Pyrénées en été

« Le montagnard ne cherche pas, dans une folle conquête des cimes, à oublier la ville ou à se consoler du monde. Il cherche simplement, dans ce jardin candide de rocs, de torrents et de neiges, béni d'un soleil plus chaud et d'étoiles plus claires, à enraciner ses espérances. »

(J.-L. Pérès et J. Ubiergo – *Montagnes Pyrénées*)

La ruée vers les cimes…

Maintenant, dans sa perpétuelle gravitation autour du soleil, la terre parvient à mi-course de sa ronde. Sur notre hémisphère Nord, l'inclinaison vers lui augmente depuis le 21 mars (équinoxe de printemps) jusqu'au 21 juin (solstice d'été), date à laquelle notre sol reçoit le plus grand ensoleillement de l'année. L'été est à son maximum : quel bonheur !

Comme au printemps, la nature évolue encore ; quant à l'activité du montagnard… elle est aussi à son maximum !

La période des vacances ajoute à cette soif de liberté et à ce nouveau bouillonnement de projets. L'envie de marcher, de randonner, de grimper, d'escalader, de courir même, nous saisit ; nous voudrions faire tant de choses, et toutes à la fois…

Les grands massifs en vogue – car la mode existe toujours en montagne – sont pris d'assaut. Si nous les survolions en avion, certains, vus de haut, ressembleraient presque à une énorme fourmilière, la plus grande du monde, avec ces insectes… pardon… ces montagnards qui grimpent, descendent, se croisent, partent dans toutes les directions.

Sur l'Aneto (3 404 m), par exemple, il y a foule, au cœur de l'été ; ça bouchonne au Pas de Mahomet, ce passage un peu délicat pour les débutants, où tout le monde s'encorde, hésite, discute. Un ami m'a affirmé qu'après avoir attendu durant près d'une heure et voyant qu'il ne pouvait passer, vu la cohue, il se résigna à faire demi-tour !

CI-CONTRE

Le lac d'Acherito (1 875 m), massif de Lescun (Pyrénées-Atlantiques).

Mais il est espagnol (aragonais, plus précisément), juste derrière une longue crête frontière. Il séduit par son bleu de grande pureté, au milieu de versants herbeux et de crêtes de calcaire blanc.

Dans les célèbres canyons de la sierra de Guara où l'étroitesse des lieux canalise vraiment les équipes, il faut faire la queue comme devant les guichets d'un stade lors d'un match de foot !

La curiosité nous pousse à imaginer le nombre de randonneurs et de touristes qui grimpent tous les ans, par exemple, à la Brèche de Roland (lieu le plus fréquenté de la chaîne). Eh bien, en 1975 (trente ans déjà), une revue de montagne annonçait pour cette seule année 77 425 passages ! Et le cirque de Gavarnie ? Plus de 600 000 visiteurs ! Bref, on se croirait en pleine transhumance !

Le mercredi 10 septembre 1997 fut, sans aucun doute, la journée la plus agitée de toute l'histoire de l'Ossau, et j'eus - hélas - la mauvaise idée, ou plutôt la malchance, d'en faire (d'en refaire) l'ascension justement ce jour-là. À la deuxième cheminée, je tombai sur une manœuvre militaire de parachutistes de Bayonne. D'interminables « accumulations » d'hommes casqués, le fusil ou la mitraillette en bandoulière, montaient, descendaient agrippés aux cordes installées dans les murailles. On se serait cru à un tournage de film de Rambo… Il ne manquait plus que les Viets ! « Vous êtes mal tombés, nous dit l'officier responsable de ce déploiement de forces, nous avons plus de 300 militaires à l'entraînement sur cette montagne ! » Mais il eut la gentillesse de faire stopper ses hommes pour nous laisser le passage. J'eus tout de même le temps de calculer que si ces 300 soldats se tenaient par la main, bras tendus, en une file droite, le premier serait au sommet (2 884 m), alors que le dernier attendrait encore à la base du pic, à la première cheminée (2 492 m) !

Un jour, je montais seul au Valier (2 838 m) par la vallée du Ribérot ; seul, car j'aime le silence, la solitude, cette communion idéale avec la montagne. En chemin, je rattrapai un groupe d'une vingtaine de personnes. Au milieu de cette file indienne, un jeune avait fixé sur son sac à dos un transistor réglé au maximum de sa puissance,

Le pic Jean-Arlaud et le pic des Gourgs-Blancs (à la limite Hautes-Pyrénées et Haute-Garonne). **Deux « 3 000 » étroitement liés, d'abord naturellement par l'arête mais surtout par la tragédie du 24 juillet 1936. Ce jour-là, c'est en gravissant le pic des Gourgs-Blancs (3 129 m, à droite) que le grand pyrénéiste Jean Arlaud fit une chute mortelle. Pour perpétuer son souvenir, son nom fut donné à une pointe appelée jusque-là pic du Port d'Oô qui devient alors « pic Jean-Arlaud » (3 065 m, à gauche).**

Au sommet du Dec de Lhurs (2 176 m), Pyrénées-Atlantiques. **On peut réaliser tant de randonnées, tant d'ascensions dans ce massif de Lescun qu'il paraît inépuisable. C'est une mine pour le montagnard ! Situé légèrement en retrait du cirque de montagnes, depuis sa pointe aux rocs fracassés le regard détaille sur 180° la succession de tous les sommets. Ici, au centre : le vertical Ansabère (2 377 m).**

sans s'inquiéter de savoir si ses compagnons « appréciaient ». Doubler tout ce monde me prit du temps, ce qui me permit de connaître les dernières chansons classées au hit-parade, chansons entrecoupées de la pub qui m'apprit, ce que j'ignorais, que le papier « x » était le meilleur papier hygiénique, que les couches « y » pour bébés garantissaient de toutes fuites, que la lessive « z » lavait... plus blanc que blanc. « Plus blanc que blanc, avait dit Coluche, ce doit être transparent ? »

Dans une autre situation, je fus si abasourdi qu'avec mes compagnons je battis en retraite ! Nous étions au sommet du Hourgade (2 964 m), tranquillement assis, dégustant... en plus du casse-croûte, le panorama et le charme de cette altitude. Brusquement, dirigées par un accompagnateur, arrivèrent une dizaine de personnes. Sur les directives de ce responsable, elles déplacèrent nos sacs à dos et s'assirent tellement proches de nous que nous dûmes nous recroqueviller, sans même avoir eu le temps de retirer casquettes, vestes et piolets posés sur le sol. Nous crûmes tout d'abord à une plaisanterie (un peu lourde, mais pardonnable en ces lieux). Mais pas du tout ! Interloqués, ahuris, notre réaction fut stupide (ou sage) : nous retirâmes nos affaires de dessous les fesses et les pieds de nos « envahisseurs », et... redescendîmes !

Loin de moi, certes, l'idée de critiquer ou de regretter la fréquentation toujours croissante de la montagne. Que l'on soit petit ou grand, agile ou pataud, jeune ou vieillard, excellent varappeur ou lourdaud bedonnant, la montagne appartient à tout le monde, c'est bien connu. Et n'oublions pas que « les autres »... eh bien, c'est nous aussi !

La montagne appartient à tout le monde, soit. Mais seulement dans la mesure où on l'aime et où on la respecte. De toute façon, lorsqu'on aime, on respecte ; ces deux sentiments sont intimement liés. Sinon, il y a viol.

CI-CONTRE
Le cirque de Saboredo (Catalogne). **Ce cirque compte parmi les plus beaux des Pyrénées. Aucune description ne peut dépeindre la splendeur de ce coin de paradis ! Alors... mieux vaut y aller !**

EN PAGES **88-89**
Sommet du Tuc du Grand Colomers (2 932 m), Catalogne. **Une foule de pics aussi nombreux que des vagues sur l'océan ! Et, au loin (enneigé), le grand massif de la Maladeta, le plus élevé de la chaîne.**

Le petit lac d'Ansabère (1859 m), massif de Lescun (Pyrénées-Atlantiques). **Modeste, certes, mais quel chef-d'œuvre de la nature ! Il faut aller à son amont et s'élever un peu pour l'apprécier dans son décor de pics, en fond, qui s'étirent en une longue frise : Pétragème, Ansabère, Trois Rois, Pène-Blanque, Dec de Lhurs, Billare.**

Le lac du Montagnon d'Iseye (2003 m), Pyrénées-Atlantiques. **Si le Montagnon d'Iseye constitue le but d'une charmante excursion, le clou du spectacle (depuis son sommet) est bien le petit lac, sous les pieds, occupant tout le creux du terrain, semblable au cratère d'un volcan. Au retour, vous pourrez vous y baigner, la « lave » n'étant pas en fusion !**

Une merveille ! Le vert tendre des pelouses, les bois de sapins sombres, les pentes d'éboulis de teinte rouille, la pureté de l'eau, les troncs blancs morts allongés au bord… tout cela donne effectivement un petit air canadien ! En face, s'exhaussent les murailles calcaires aux strates convulsées précédant le pic de Cotiella (2 912 m).

« Mon Dieu ! Que c'est beau ! »

CES SOUVENIRS « SCABREUX » SONT RARES, heureusement. En dehors des « massifs-fourmilières » (où l'on rencontre souvent des gens très sympathiques), des milliers de sommets ne reçoivent que peu de visites. Si l'on sait que les Pyrénées comptent près de 8 500 sommets (simple estimation), de la petite colline au grand pic, on réalisera qu'il y a encore place pour la solitude, le silence et l'isolement, conditions indispensables pour mieux apprécier le charme et la splendeur de notre chaîne.

Que de moments et de souvenirs merveilleux nous attendent, « là-haut » ! Ascension solitaire pour goûter le plaisir de la liberté et de l'insouciance, mais aussi avec deux ou trois bons amis pour partager ce bonheur.

Entre mille souvenirs, il me revient en mémoire cette arrivée au sommet du Montpius, en Catalogne, sommet bien modeste avec ses 2 276 m d'altitude, mais époustouflant par le panorama géant de tout le massif de la Maladeta avec ses dix-huit pics principaux dépassant les 3 000 m ; un véritable lever de rideau, une révélation soudaine qu'on ne découvre qu'au dernier moment, au dernier pas posé sur la cime. Stupéfaits, fascinés, nous en avions oublié de nous délester de nos sac. Debout et immobiles, nous dégustions cet instant magique ; sans un mot durant une dizaine de minutes.

« Mon Dieu ! Que c'est beau ! » L'un de nous osa rompre le silence…

Ces « sommets-belvédères » sont légion d'un bout à l'autre de la chaîne, du Roc de France (1 450 m) jusqu'à la Rhune (900 m).

Autre attraction et émerveillement que dispensent ces sommets, c'est l'enchantement d'un bivouac sur leur pointe. En hiver, nous l'avons déjà vu, c'est une autre façon de « vivre la montagne », mais, avouons-le, dans des conditions très rudes qui rebutent beaucoup de pyrénéistes. Par contre, en été, même à 3 000 m, la température descend rarement ou si peu au-dessous de 0 °C. Tente inutile, juste un bon sac de couchage, un bonnet, des gants, un solide casse-croûte pour le soir et le matin, au réveil (pour le retour à la vallée), l'indispensable appareil photo avec tous ses objectifs… et c'est tout. Le sac à dos n'a plus le poids des charges auquel sont habitués les sherpas !

À l'heure où la nuit devient lumière, c'est un spectacle hallucinant. De tels moments vécus intensément sur le faîte du Mont-Perdu (3 355 m) comptent parmi mes plus beaux souvenirs. Sur mon journal toujours tenu depuis… un demi-siècle déjà, j'écrivis : « Nos regards fixent à nouveau l'horizon, dans la même direction. Au loin, la lueur, d'abord timide, s'élargit puis embrase rapidement la chaîne de pics et de glaciers. Dans le ciel qui s'enflamme, les nuages flamboient, longues tresses d'un rouge vif souligné de noir. Des cumulus virent au rose, puis au saumon et enfin à l'ambre. »

Le lac du Campana de Cloutou (2200 m), Hautes-Pyrénées.

Le massif du Néouvielle et les montagnes voisines se parent de lacs dont l'approche émaille les itinéraires des randonnées. Celui-ci, surplombé par le refuge du Campana, passionnera le photographe qui trouvera, tout le long des berges, maintes occasions de faire de superbes clichés, notamment sur cette étendue de saphir avec la pointe du pic du Campana (2484 m) juste en face.

Les lacs d'Arrémoulit (2305 m), Pyrénées-Atlantiques.

Pour mieux cerner le charme de ces lacs, il faut en faire le tour complet en longeant les pentes du cirque qui les entourent. Pas de sentier; la progression n'est pas toujours aisée. Mais cette découverte du site sous tous ses angles justifie cet effort.

Dans le cirque de Travessani (Catalogne).

Bordé par les crêtes en dents de scie de Tumeneja, retenant des lacs extraordinaires, ce cirque est d'un charme ensorcelant: l'être le plus fruste y deviendrait poète!

CI-CONTRE

Sommet du pic Russell (3205 m), Aragon.

La crête, étroite et accidentée, le relie à l'Aneto (3404 m), le «toit» des Pyrénées. Il fut atteint en 1865 par le comte Russell. «J'étais seul et je ne le gravis que par erreur, l'ayant pris pour un autre. En moins d'une heure pourtant (3h 1/2 des lacs de Rio-Bueno), je le mis sous mes pieds, après avoir escaladé avec les mains, pour ne pas dire avec les dents, un couloir plein de neige.»

EN PAGES 94-95

Soum Blanc des Espécières (2685 m), massif de Gavarnie (Hautes-Pyrénées).

«Concurrencé» par les grands sites du cirque de Gavarnie, les montagnards le délaissent: ce n'est qu'un «soum» (pris dans son sens péjoratif!). Et pourtant! Le panorama vaut bien l'effort de trois heures de montée: au loin (hors photo), trône le Vignemale (3298 m) dans tout son panache; à nos pieds se creuse la vallée du rio Ara sur laquelle se soude le vallon du rio Otal dégringolant des pentes de la Tendeñera (2853 m), au centre.

Retour de l'Aneto (3404 m), sur le grand glacier, Aragon.
Au premier plan : le pic Coronas (3293 m) ; au fond : le pic de la Maladeta (3308 m). Dix-huit « 3000 » composent ce vaste massif de la Maladeta. C'est dire la variété des courses qu'on peut y réaliser, que ce soit par le versant nord (comme ici) ou par le versant sud, de physionomie tout à fait différente par son exposition.

Crête de la Peña del Mediodia (2427 m), Aragon.
C'est un dépaysement complet que propose l'Aragon lorsqu'on circule dans ses massifs les plus cachés. Cette ascension démarre aux abords de l'Ibon de Plan dans un paysage canadien pour s'achever dans des décors sahariens !

« Le voilà ! » Ce cri a fusé de nos lèvres, en même temps. Émergeant des névés rougeoyants, des crêtes obscures, le soleil apparaît, disque tremblotant, rouge comme le sang. Ver luisant, tout d'abord, il s'élève graduellement et se découvre tout entier. Des rais de lumière fusent de toutes parts ; le glacier s'illumine, le roc blanchit. Les sommets surgissent et s'animent. La nature entière s'éveille. Nous assistons là, en privilégiés, à plus de 3000 m d'altitude, en plein cœur de la chaîne pyrénéenne, au grandiose ballet des nuages et du soleil levant...

De nombreux sommets se prêtent ainsi à ce que certains pourraient qualifier d'excentricité ! Le pic d'Anie (2504 m), le Taillon (3144 m), le Cotiella (2912 m), le Montcalm (3078 m)... La liste serait longue...

Vagabonder est la vraie liberté...

Une randonnée de deux ou trois jours (ou plus) est une excellente entreprise pour découvrir tout un massif, sous toutes ses formes, sur toutes ses faces et pour surprendre ses mille secrets. Ce genre d'excursion, loin d'être une « bavante », illustre bien cette affirmation du grand Russell :

Les derniers mètres du pic de Troumouse (3085 m), Hautes-Pyrénées.
Faire le tour du cirque de Troumouse par les crêtes, c'est « voyager » toujours à 3000 mètres d'altitude. La vue admirable dont on jouit à chaque pointe, à chaque brèche, cette sensation aérienne d'évoluer entre ciel et terre font oublier les misères et les bassesses du monde.

> L'estany Marto (2 385 m), massif des Encantats (Catalogne). **Très retiré de tous circuits habituels de randonnées, il ne reçoit que très rarement de visites. Quel dommage... ou peut-être tant mieux, car nous pouvons ainsi mieux apprécier sa beauté, son isolement et le silence du site que dominent les pics de Subenuix (2 949 m), Morto (2 903 m) et de Sobremonestero (2 878 m).**

> L'estany de Colomina (2 408 m), massif des Encantats (Catalogne). **Inclus dans le Parc National des Encantats (ou d'Aigüestortes) – la plus riche région en lacs des Pyrénées – il fait partie des... 300 estanys de ce massif ! Un petit refuge fut construit sur sa berge (ici, à droite) en 1917 pour les travaux de captages des lacs voisins. Puis il fut donné à la FEEC (Fédération de Catalogne), en 1973 qui, depuis, l'a grandement restauré.**

> Bivouac au pic de Sestrales (2 106 m), Aragon. **Traverser les sierras, les massifs, les cirques implique souvent de bivouaquer en cours de route. Dormir à la belle étoile ou sous la tente a toujours son charme. Et puis, on redémarre au petit jour en pleine forme, après avoir récupéré... et puis, on savoure les premières lueur de l'aube.**

« La marche en montagne est une volupté ! » Avant le départ, il faut bien étudier le circuit en boucle, de façon à ne pas affronter continuellement de grandes variations de dénivelée. Une certaine altitude atteinte, la course devient vagabondage. Or, « le vagabondage est la vraie liberté », c'est bien connu.

Le massif de Gavarnie, par exemple, constitue l'un des plus passionnants circuits (quatre à cinq jours, en prenant son temps). Départ du village de Gavarnie – Hourquette d'Alans – Brèche de Tuquerouye – et c'est une marche continue à 3 000 m suivant, par le versant sud, toute la crête sommitale du célèbre cirque, avec, çà et là, en cours de route : Astazou – Marboré – Épaule – Tour – Casque – Taillon – Gabiétou, autant de « 3 000 » que l'on peut fouler par un bref détour ; puis, retour par le col de Boucharo jusqu'à Gavarnie.

Le tour de la Maladeta peut se tracer ainsi : départ en amont de Benasque depuis le pont de Cregüeña – Ibons de Cregüeña – de Coronas – collada des Bucardos – deux beaux lacs (del Cap de la Vall et Negre) – pourquoi ne pas gravir, au passage, le pic Russell (3 205 m) ? – col des Salenques – val des Barrancs – le célèbre « Trou du Toro », la source de notre Garonne ! – vallée de l'Esera, et... pont de Cregüeña. La boucle est... bouclée !

Des centaines de massifs se prêtent ainsi à de telles entreprises enrichissantes ; que de découvertes, en chemin !

Et, une « randonnée-vagabondage » – la vraie liberté – est bien la traversée des Pyrénées, de l'Océan à la Méditerranée, en suivant non le GR 10 (trop bas et trop

À la cabane de Bonaris (Pyrénées-Atlantiques). **Le berger s'adonne à sa tâche journalière, au petit matin : la traite des chèvres, une à une, par un système ingénieux de couloir en armature métallique, avec porte qu'il ouvre et ferme à volonté, bête après bête, par un montage de poulies et de corde ! (Photo Isabelle Jolfre)**

facile), mais en évoluant au plus près des crêtes. Notre ami et collègue Georges Véron a été l'un de ces premiers pionniers à entreprendre cette longue marche, et surtout le seul à en avoir ramené un tracé, un itinéraire idéal. Bien sûr, le montagnard qui, à son tour, se lancera dans une telle aventure, pourra dessiner quelques variantes pour éviter, par exemple, des régions qu'il a déjà parcourues, au profit d'autres qu'il connaît moins bien.

Et c'est justement au cours de ma propre traversée qu'un certain 10 juillet 1971, au col d'Aratille (2501 m) – massif du Vignemale –, je rencontrai Georges Véron pour la première fois. Il revenait sur le terrain pour peaufiner « son » itinéraire de la traversée.

Autre traversée hautement (sans jeu de mot) sportive est celle réussie par Louis Audoubert. Il suivit scrupuleusement la ligne de partage des eaux d'Europe, sans éviter les obstacles (falaises, crêtes aiguës, pointes vertigineuses…), mais en les escaladant continuellement !

Au cours de ce long périple (entre trente-cinq et trente-huit jours), entre mille découvertes, entre mille rencontres, on a la chance de côtoyer les bergers, ces habitants de la montagne. Que de bergers ai-je abordés, même en dehors de cette traversée ! Ils vivent là, de la mi-juin jusqu'aux premières neiges, loin du monde, isolés, à plusieurs heures de marche de la vallée et de leurs villages.

Des gens fabuleux

Les bergers – ces anachorètes de la montagne – sont des gens extrêmement sympathiques, accueillants, souriants. Ils sont faciles à aborder, à condition de le faire avec amitié et respect ; ce respect qu'ils méritent. On sent chez eux beaucoup de valeur morale, beaucoup de richesse culturelle, de franchise et aussi de connaissances sur le massif où ils vivent durant tous les étés, certains depuis vingt, trente, quarante ans ! On sent aussi chez eux beaucoup de par-

Montée du troupeau depuis le village de Santorens (Catalogne). **Par la situation de certains villages de montagne, en altitude et sur des versants à l'herbe grasse, les éleveurs sont naturellement sur place. Alors, tous les matins, ils quittent leur « pueblo » pour conduire leurs troupeaux, souvent restreints, vers les alpages tout proches. Puis, ils redescendent le soir venu.**

Le refuge d'En Beys (1954 m), Ariège. **Un refuge bien sympathique, accueillant qui s'harmonise bien avec le paysage. Il donne même une belle note montagnarde avec son allure simple de grande cabane. Il s'élève tout à côté du grand lac d'En Beys. But d'une excursion un peu longue (2 h 45), il peut être aussi le point de départ de nombreuses ascensions ou havre lors d'une randonnée de plusieurs jours.**

tage, d'hospitalité et – point important – de philosophie.

Que de souvenirs sur ces rencontres... Dans le massif des Posets (3375 m), avec mon fidèle compagnon de montagne, Michel Soula, je m'apprêtais à passer la nuit contre un rocher, à peu de distance de la cabane de Turmo (1730 m), occupée par deux bergers. Ceux-ci, nous ayant aperçus, vinrent nous voir pour nous inviter à partager leur petit refuge. Leur insistance était telle qu'il nous fut impossible de refuser, malgré quelques premières tentatives de nous dérober ; nous connaissions la cabane : minuscule, noire, sombre, inconfortable ! Nous regrettions notre petit replat herbeux sous les étoiles... Mais ces hommes étaient venus nous chercher pour partager avec eux le peu qu'ils possédaient : leur amitié et leur hospitalité.

Dans le massif de l'Ossau, alors que nous redescendions (deux jeunes camarades et moi) du pic de Gaziès (2457 m), nous passâmes devant une cabane et nous bavardâmes avec le berger, ravi, sans nul doute, d'avoir quelqu'un à qui parler. Tant et si bien, qu'en quelques minutes, nous nous retrouvâmes assis sur un vieux tronc d'arbre, en guise de banc, adossés au mur de la façade... un verre de Ricard à la main additionné d'une eau délicieusement fraîche collectée sur-le-champ à la source toute proche !

Dans la région de Lescun, alors que je remplissais ma gourde avec l'eau glaciale d'une fontaine, à deux pas d'une cabane, le berger nous accosta. Une conversation s'ensuivit, et... nous fûmes invités à entrer, à nous attabler devant une bonne bouteille de vin cachetée (et... décachetée pour l'occasion), le tout couronné par un bon café maison !

Ces cabanes (et leurs bergers) nous amènent tout naturellement à parler des refuges de montagne. Tout au début du pyrénéisme, pour les premiers pionniers, il ne s'agissait que de simples abris. Un exemple ? Un de ces abris bien rudimentaires fut construit sur un plateau appelé La Rencluse, dans le massif de la Maladeta. De là, les « explorateurs » d'alors pouvaient rayonner en bien des directions. En 1901, Henry Spont le décrivait comme « un tas de pierres blanches percé de deux trous pour les fenêtres et d'un trou pour l'entrée ».

EN PAGE 100

Troupeau aux cabanes d'Ansabère (Pyrénées-Atlantiques). **Le travail commence au lever du jour : rassemblement des bêtes qui, durant la nuit, se sont dispersées dans la montagne. Les chiens, admirablement dressés et intelligents, sur un cri de leur maître, galopent sur les pentes pour regrouper le troupeau et le faire descendre. Car c'est l'heure de la traite.**

EN PAGE 101

Cayolar dans le Pays basque. **Chaque région a ses traditions, ses particularités. Ici, on ne dit pas « cabane de bergers » mais « cayolar ». Si l'intérieur est rustique, l'ordre et la propreté y règnent. C'est que le berger va y vivre durant quatre ou cinq mois.**

Le refuge d'Arrémoulit (2305 m), Pyrénées-Atlantiques,
sur la berge du grand lac d'Arrémoulit, au pied du pic du Palas qui le domine de ses 2974 mètres d'altitude. C'est l'histoire de l'obstination et du courage du CAF. Un premier refuge, rudimentaire, fut construit en 1886, adossé à un énorme rocher. Un second, plus accueillant, fut établi en 1906. Détruit en 1912 par une terrible tourmente, il fut restauré en 1914… pour être encore ravagé ! Un nouveau, plus solide, vit le jour en 1924 et, vu sa fréquentation, il fut mieux aménagé par la suite.

EN HAUT À DROITE
Le refuge de Tuquerouye (2660 m), Aragon, avec vue sur la face nord du Mont-Perdu (3355 m) ! **Il fut construit en 1889, dans l'étroitesse de la brèche de Tuquerouye (au point qu'il y paraît coincé). Glacial, lugubre mais d'une solidité à toute épreuve pour affronter les neiges et les bourrasques, il fut retapé et « humanisé », cependant, ces dernières années, après un siècle de bons et loyaux services.**

Au fil des décennies, de vraies bâtisses furent érigées sur des points stratégiques. Deux exemples ? Dans le massif du Balaïtous, plus précisément dans le cirque lacustre d'Arrémoulit, un premier abri fut adossé sous le pic de Palas, en 1886. Après plusieurs déboires (avalanches) et reconstructions obstinées, il fut décidé, en 1924, un bon et solide refuge. À la Brèche de Tuquerouye, à 2660 m d'altitude, il fut construit, en 1889, un refuge devenu célèbre, aujourd'hui centenaire et retapé.

Puis encore, toujours décennie après décennie, les refuges poussent tout le long de la chaîne, par dizaines, par centaines. Certains sont judicieusement placés au cœur d'un massif; ils sont d'excellentes bases de départ pour toute une série d'ascensions qui seraient longues et pénibles sans leur existence. Chaque grand massif a le sien (quelques fois plusieurs).

Les gérants qui les tiennent sont des amoureux de la montagne ; eux aussi méritent notre respect, notre reconnaissance, voire même notre admiration. Ils sacrifient les plus beaux mois de l'année au services des montagnards qui eux, vont se régaler, s'« éclater » (le terme est à la mode) en randonnant ou en gravissant un sommet. Ils sont restaurateurs, hôteliers, mais aussi conseillers sur les courses envisagées par les clients, sur les itinéraires et les difficultés.

Ils cuisinent dans une pièce généralement trop petite pour préparer tant de repas, souvent imprévus, à l'arrivée d'un groupe qui « déboule » à midi (ou plus tard) et qui souhaite être servi « tout de suite », pour ne pas perdre de temps et pour repartir aussitôt ! D'autres arrivent le soir, parfois à l'improviste, (21 h, 22 h…), fatigués et affamés. D'autres (ou les mêmes) se lèvent avant l'aurore et veulent leurs petits déjeuners. Après cinq ou six heures de répit nocturne, les gardiens reprennent leur vie trépidante…

Les Pyrénées ? Il y en a pour tous les goûts !

L'ATTRAIT DES PYRÉNÉES SERAIT BIEN LIMITÉ si les aborder consistait à gagner leurs principaux sommets, les uns après les autres, durant toute notre vie, plus prosaïquement à monter, puis une fois parvenus « là-haut »… à redescendre. Que d'activités sportives se pratiquent tout le long de la chaîne, selon les envies, les motivations, les goûts des pyrénéens !

La spéléologie : la face cachée des Pyrénées

LORSQU'UN MONTAGNARD ATTEINT UN SOMMET, il ne voit que cimes, arêtes vives ou émoussées, névés, glaciers. De son côté, le spéléologue (qui se double souvent d'un montagnard) sent, conçoit sous le sol (dans les massifs calcaires, uniquement) l'existence d'un monde de verticales et de couloirs, de salles et de méandres : un monde souterrain fabuleux. Situation merveilleuse car, là, le rêve se confond avec la réalité ! Ah ! Si le calcaire était… transparent ! On serait alors stupéfait de l'importance des abîmes qui se déroulent sous les pieds à des profondeurs impressionnantes et s'étendant à l'intérieur de la montagne sur des kilomètres et des kilomètres d'étages et de galeries compliquées. *« Dans les Pyrénées, le sous-sol double le sol ! »* Cette boutade du spéléologue ariégeois Joseph Delteil donne malgré tout une image de l'importance du monde souterrain.

Concrétisons très rapidement, en donnant quelques chiffres.

Dans le massif d'Anie (Pyrénées-Atlantiques), si le gouffre « BU 56 » est le plus profond, avec ses – 1 408 m, le célèbre gouffre de la Pierre-Saint-Martin (–1 342 m) développe 54 km de galeries ; un gouffre géant !

Dans le petit massif d'Arbas (Haute-Garonne), le réseau Trombe (–1 018 m) déroule, lui, 101 km d'étages entrelacées !

En Aragon, dans la montagne des Tres Marias, les spéléos espagnols, après des années d'explorations mouvementées, réussirent une « traversée » souterraine. Entrant par un gouffre supérieur (le « B 15 »), ils ressortirent au jour (descente en rappels) à la fuente d'Escuaïn, 1 149 m plus bas, en dénivellation !

Le vol libre : les Pyrénées vues du ciel

LORSQUE LE MONTAGNARD REGARDE LES VAUTOURS ou autres rapaces évoluer dans le ciel, il se prend à les envier. Le deltaplane (appelé plus techniquement aile delta) et le parapente lui permettent de réaliser ce rêve… ce vieux rêve d'Icare.

Voler comme un oiseau devient à la portée de tout le monde, à condition toutefois d'apprendre sérieusement (écoles de la Fédération française de vol libre), d'aimer l'effort, le sport et le vide, d'être maître de ses réactions physiques, nerveuses et intellectuelles. Il n'y a pas de plus grande joie que jouer avec les courants ascendants ; thermiques, dus à l'air chaud qui monte des surfaces chaudes (champs de blé, rochers, villes) ou dynamiques, dus à l'air (vent) qui frappe une pente et s'élève avec force vers le ciel.

Le pilote-montagnard n'hésite pas à porter son aile sur l'épaule (25 à 30 kg) durant des heures parfois, pour gravir et atteindre un sommet d'où il s'élancera. Puis, vers les années 1985, le parapente fut inventé et mis au point. Beaucoup plus léger, moins volumineux, plus transportable, il supplanta un peu l'aile delta. Mais il y a toujours des irréductibles qui restent attachés, fidèles, à leurs premières amours. Un mordu du deltaplane n'abandonne jamais…

Spéléologie : exploration dans le Réseau Trombe (– 1 018 m), massif d'Arbas (Haute-Garonne). **« Le malheur des hommes vient de ce qu'ils ne peuvent se résoudre à garder leur chambre » avait écrit Pascal qui – on s'en doute – n'avait pas du tout pratiqué la spéléologie ! Le spéléologue, lui, deviendrait vite neurasthénique et malade s'il devait passer sa vie alité ! Qui a connu une fois cette fièvre de la découverte et de l'exploration dans les « entrailles » de la montagne est conquis à jamais par cette activité !**

Vol libre. **Jouer avec le vent, avec les ascendances… rechercher la «pompe» qui vous élèvera haut, très haut… longer les versants… regarder loin, très loin, au-dessous de vous, les vallées, les villages… par des virages serrés, balayer du regard les montagnes… Voler ! Voler comme un oiseau ! Les Pyrénées se prêtent merveilleusement à la pratique de ce sport formidable.**

Escalade. **Il y a beau temps que toutes les faces verticales ont été escaladées : la face nord du Vignemale, le vertigineux Spigolo d'Ansabère, la face ouest-nord-ouest de l'Ossau, le Tozal del Mallo, etc. Mais il y a toujours plaisir et engagement sportif de les refaire ou d'en entreprendre des variantes ou encore de s'attaquer à des murailles qui, jusqu'ici, n'avaient attiré aucune attention. Le grimpeur ne se lasse jamais. L'escalade est un sport, mais un sport à part, hors de portée des grandes foules, exigeant l'effort, la technique, la victoire sur soi-même autant que sur la falaise verticale. (Photo Pol-Yvon Kis)**

L'escalade : entre ciel et terre

LORSQU'EN 1797 (IL Y A PLUS DE DEUX SIÈCLES !), un berger aspois dont l'Histoire, malheureusement, ne retint pas le nom, gravit en premier les murailles de l'Ossau (2 885 m), c'était déjà de l'escalade. Lorsqu'en 1885, Swan et Henri Passet s'attaquèrent au couloir très raide qui sépare le Grand Astazou (3 083 m) du Petit Astazou (3 024 m), c'était une autre forme d'escalade. Lorsque le 7 août 1889, Brulle, Bazillac, de Monts et Salles se mesurèrent au terrible couloir de Gaube, haut de 600 m, sur la face nord du Vignemale, avec en tête, Célestin Passet qui dut tailler, durant huit heures d'affilée, 1 300 marches dans la glace vive, sur une pente parfois à 65° d'inclinaison… c'était la naissance « officielle » de l'escalade, sous sa forme glaciaire il est vrai.

Puis Gavarnie devint le terrain de jeux de cette équipe (les « jeux du cirque », selon l'expression plaisante de Brulle) : le mur de la Cascade, la face nord du Marboré, de la Tour, du Casque. Ils ne s'en tiennent pas là et s'attaquent aussi à d'autres massifs, comme les Posets et les Encantats où Brulle amène le jeune Jean Arlaud. Avec ce dernier, la relève est assurée, et bien assurée !

Les cinq frères Cadier, Raymond d'Espouy, puis, plus récemment, les frères Ravier, Patrice de Bellefon, Louis Audoubert, des dizaines et des dizaines d'autres (moins connus mais de grande valeur également, talentueux et passionnés) sont animés par cette même et enivrante passion : l'escalade. Une façon de comprendre et d'aimer la montagne autrement, par des voies difficiles. À la beauté des paysages s'ajoutent plaisir de la « découverte verticale » et complicité entre le rocher, le vide et le grimpeur. Sur les deux versants des Pyrénées, de l'Ossau aux Encantats (et même au-delà de ces deux extrêmes), des milliers de voies sont ouvertes, depuis les simples « AD » jusqu'aux « ED », voies ouvertes par des centaines de grimpeurs qu'il est impossible de nommer ici – bien malheureusement –, la liste étant trop longue.

Le sujet est loin d'être épuisé ; de belles premières sont à entreprendre encore. Des falaises, des sites sont équipés et servent d'entraînement : les rochers écoles. Aujourd'hui, l'escalade moderne se transforme ; elle devient « ballet », élégance, apesanteur, couleurs dont Patrick Edlinger devint la star ; à son tour, il fait école. L'homme devient mouche ou araignée. Il lui a fallu inventer des cotations supérieures : 7a, 7b, même 8a, 8b…

La grimpe devient art, danse, expression gestuelle ; mode vestimentaire aussi : short-jean, pantalon collant fluo, torse nu et… bien bronzé, cheveux longs ou crâne rasé… Évidemment, pour l'escalade de cascades de glace ou en milieu de haute montagne, on change de costume ! Une autre forme d'escalade, certes, ou dérivée, par rapport à celle des anciens.

Les via ferrata : les voies toutes tracées ; suivez le câble

LORSQU'EN 1881 BARTOLOMÉ LAFUENTE et Michel Bringola, habitants de Torla, scellèrent trente-deux crampons (les fameuses « clavijas ») dans la falaise du cirque de Cotatuero (vallée d'Ordesa) pour permettre le passage de ce mur vertical, ils ne se doutaient pas qu'ils venaient de créer la première via ferrata ; un peu comme monsieur Jourdain faisait de la prose sans le savoir ! En 1921, treize autres crampons équipèrent une cheminée dans le cirque voisin de Carriata.

Depuis une vingtaine d'années, dans certains massifs alpins, les via ferrata (littéralement : chemin ferré) sont à la mode. Elles suscitent un engouement bien légitime et tout aussi naturel. Elles mettent à la portée, pas de tout le monde, mais des sportifs non allergiques au vertige, la possibilité et l'émotion de se lancer dans des escalades longues, sévères, sur des murailles verticales, parfois à tendance surplombante, à gérer des traversées de vires. Dans les Pyrénées, la toute première via ferrata fut installée, il y a une dizaine d'années, dans un massif proche de Llo (Pyrénées-Orientales). Depuis, d'autres se développèrent sur différents sites (notamment en Andorre), ancrées par des entreprises spécialisées, c'est dire leur sécurité.

Leur parcours s'effectue sans danger, à condition d'être bien équipé (casques, gants, baudrier, longes avec mousquetons, etc.) et également de bien maîtriser la technique, car l'accident grave – la chute – n'est pas exclu par fausse manœuvre. Alors, « l'aventure à bon marché » ? Non, car il faut aussi avoir le cœur bien accroché (comme les longes de sécurité !) pour se lancer dans ces exercices aériens au-dessus d'un vide impressionnant.

Le canyoning : un cocktail de spéléo, de montagne et de natation

LA DESCENTE DES CANYONS allie les techniques de l'escalade et de la spéléo. Un sport soutenu durant des heures : nombreux rappels sous cascades, pour prendre pied dans un bief profond où… on n'a pas pied ! Enlever son descendeur sous l'eau, assommé par la gerbe, tout en nageant pour rester à la surface, étouffé par les tourbillons, déséquilibré par le sac porté sur le dos… voilà une manœuvre qui ne devient amusante que lorsque c'est le tour des copains de l'exécuter ! Mais le canyoning n'est pas uniquement un sport acrobatique, il est aussi découverte de paysages sauvages, étranges, colorés, insolites.

Si la Sierra de Guara (en Aragon) fut le berceau de ce sport, d'autres régions abondent également en gorges, en crevasses, en ravins. Du Pays basque aux Pyrénées Orientales, de l'Aragon à la Catalogne : gorges d'Holzarté, d'Olhadubie, canyons dans les abords du Mont-Perdu,

Canyoning : dans la crevasse d'Olhadubi (Pyrénées-Atlantiques). **La descente de cette gorge dangereuse et sinistre réclame peut-être du courage, mais surtout une solide technique d'alpinisme et de spéléologie. Long de 5 km, ses verticales totalisent 460 mètres de dénivellation.**

Dans le canyon de Balcès, Sierra de Guara (Aragon). **Dans ce canyon, parmi beaucoup d'autres de cette sierra, les décors s'enchaînent sans cesse, suscitant l'admiration et l'étonnement ; jeux d'ombres, de couleurs et de lumières.**

Rafting. **Le cours tumultueux de la Noguera Pallaresa, rivière de haute montagne, dans la Catalogne, se prête à merveille à la pratique de ce sport débridé ! Mais on s'amuse beaucoup, on vit des moments de grande émotion ; on doit jouer avec les écueils, les rapides, les tourbillons et les remous. (Photo Francis Baro)**

Kayak. **Cet esquif fut inventé par les Esquimaux ! Mais les Pyrénéens l'ont adopté pour s'adonner aux joies de jouer avec les courants et les remous sévères des torrents. C'est aussi un moyen de découvrir des paysages nouveaux, de s'infiltrer dans une nature sauvage, de traverser des villages d'une façon originale. (Photo Pol-Yvon Kis)**

dans les massifs de Gavarnie, du Canigou (canyon du Llech)... Décidément, tous les étés, on en découvre de nouveaux, de vraies premières à réaliser... Le sujet est inépuisable !

Le rafting : « ça passe... ou ça nage »

NÉS TOUT LÀ-HAUT DE LA FONTE DES GLACIERS, issus des lacs, engendrés par des sources cachées, les torrents dévalent les versants abrupts, grondent dans les gorges, deviennent ruisseaux indomptés dans les vallons, poursuivant leurs courses encore tumultueuses dans les vallées d'altitude, et enfin rivières agitées de courants et de remous, au pied des montagnes.

Voilà un « terrain » (quel mot impropre pour de l'eau !) pour deux activités aquatiques – le canoë-kayak et le rafting – que l'on imagine récentes. Récentes ? Le canoë-kayak fut utilisé par les Indiens d'Amérique du Nord ! S'il est pratiqué un peu partout, c'est surtout le Pays basque qui est le théâtre majeur de cette activité. Les gaves de la Haute Soule (Licq-Athérey et sa région) attirent les canoéistes experts. Le rafting fut inventé lors de la conquête de l'Ouest américain (à l'origine le canyon du Colorado).

Pour le premier, la technique et la maîtrise de l'embarcation demandent apprentissage et expérience. Pour le second, il s'agit de prendre place sur un « autobus » gonflable, un gros, large et stable (relativement...) canot pneumatique. Deux modèles ; le plus grand (6 m de long) peut embarquer dix à douze équipiers. Équipiers veut dire : équipe ; tous soudés, unis, donc acteurs ; savoir ramer, conduire l'esquif sous la responsabilité d'un dirigeant chevronné, souvent d'un moniteur ou d'un guide professionnel.

Les difficultés des rivières sont répertoriées en « classes ». En « classe 3 », par exemple, on s'amuse beaucoup, même si les frissons parfois donnent la chair de poule, pas toujours à cause du froid ! En « classe 4 » (la Noguera Pallaresa, en Catalogne, autre exemple), les violents rouleaux, les rapides, les chutes (d'eau) débridées donnent des sensations fortes. Le rafting se pratique partout, mais surtout partout où les cours d'eau s'agitent et tourbillonnent. La Garonne naissante est très appréciée et fréquentée.

Le VTT : les Pyrénées à vélo

N'EXAGÉRONS PAS : TOUTES LES MONTAGNES ne se prêtent pas à ce mode de déplacement. En vérité, le VTT est plus que ça : c'est s'adonner à son sport favori (le vélo) dans un milieu que l'on aime (la nature).

Il faut avoir de sacrées jambes, de sacrés mollets, de sacrés muscles ! Des poumons à toute épreuve et de l'endurance pour affronter des montagnes sauvages, parfois en circuit de plusieurs jours, par des sentiers escarpés, des itinéraires accidentés, et cela souvent à près de 2000 m d'altitude.

Un jour, montant au rythme lent et régulier du montagnard pour gagner le lac Bleu de Bagnères (1928 m), je fus doublé par un vététiste qui semblait très à son aise sur le sentier caillouteux ! Puis, le lac atteint, il redescendit illico, alors que je n'étais pas encore arrivé au but !

Dans le Luchonnais, autre surprise. Depuis l'Hospice de France, alors que je grimpais au Pas de l'Escalette (2 396 m), je rencontrai un de ces sportifs qui montait lui aussi à ce col pour franchir, au-delà, le Port de la Picade, pour rejoindre le Port de Vénasque (2 444 m) et, enfin, pour « plonger » sur son point de départ !

Rencontre du même genre, dans le Béarn, au Montagnon d'Iseye avec deux vététistes, le vélo sur l'épaule, en raison du sentier difficile. Ils venaient du massif de l'Ossau ; et à travers cols élevés (en moyenne : 2000 m), versants pentus, itinéraire compliqué, ils visaient le village de Louvie-Juzon où on devait les récupérer en voiture !

Des circuits beaucoup plus « humains » et raisonnables sont tracés et balisés un peu partout, en petite et moyenne montagne. Des topo-guides renseignent et précisent ces itinéraires. Georges Véron, lui aussi, a édité de tels ouvrages précieux.

Le saut à l'élastique : le yo-yo humain sous l'arche d'un pont

SI LA SPÉLÉO, SI L'ESCALADE, si la via ferrata, si le rafting vous incitent à la somnolence, alors essayez le saut à l'élastique ! Réveil garanti !

Il ne s'agit nullement d'un sport ni d'une activité, mais d'une expérience. Née chez les Américains (bien sûr !), cette pratique débuta en France il y a une bonne quinzaine d'années. Sa mise au point – qu'il s'agisse de matériel et de technique –, totalement empirique et affinée par l'expérience, se paya par des accidents souvent mortels. Aujourd'hui, il n'y a pratiquement plus de risque, sauf celui de voir son taux d'adrénaline monter en flèche et son cœur battre à se rompre.

Installés contre le parapet d'un pont enjambant un torrent qui coule très bas au-dessous, grue, treuil, cordages et le fameux élastique, tout ce matériel neuf, rutilant rassure. Les responsables, très à leur aise, qui s'affairent autour de vous, ajustent votre harnais, vous relient les chevilles au « cordon ombilical » et vous tranquillisent également par les paroles habituelles ou rituelles : *« Vous allez voir : c'est génial, c'est super. »*

Maintenant, pieds joints sur le parapet, vous regardez les 50 m qui vous séparent de la rivière… qui vous paraît couler à 300 ou 400 m au-dessous !

« C'est quand vous voulez », vous lance une voix calme et douce qui se veut apaisante.

Vous ouvrez et tendez les bras, en croix. Vous prenez une longue et profonde inspiration et… vous vous laissez tomber. Avec un grand cri, un hurlement. Un cri d'effroi ? Un cri pour chasser la trouille ? Un cri qui vous libère de l'angoisse. Le vent souffle à vos oreilles. Le sol monte, monte ; puis tout s'arrête. Une puissante force vous remonte. Pantin désarticulé et toujours bras en croix, vous voyez tour à tour l'arche du pont, ses piliers, la rivière, les murailles du ravin, les berges, les gens qui, penchés sur la rampe, tout là-haut, applaudissent.

Enfin, le yo-yo ralentit, puis s'immobilise. Le treuil vous descend calmement au ras de l'eau où deux hommes sur une barque vous récupèrent.

« Ça va ? Ça s'est bien passé ? » demande l'un, innocemment.

« Ouais ! C'est génial, c'est super… »

Menteur, va !

En 1937, Xavier Vallot (ancien député) n'a-t-il pas dit lors d'un discours à la Chambre : *« Le courage, c'est parfois d'avoir peur, mais d'être seul à le savoir. »* ?

Saut à l'élastique. **Beaucoup de monde « au balcon », penché sur le parapet du pont Napoléon, à Luz-Saint-Sauveur, dans les Hautes-Pyrénées, applaudissant le courage de ce « pendu volontaire ». Si à l'« aller » (la chute), l'homme tombe verticalement comme un (gros) caillou, le « retour », à cause de l'élasticité, n'est que propulsions parfois désordonnées, comme un yo-yo fou !**

Les Pyrénées en automne

« Du sud, du nord, toute approche des Pyrénées est une rencontre avec un horizon. La chaîne étroite s'allonge sur plus de 400 km. Elle bondit et se déploie, pointe ses notes aiguës de calcaire, prolonge ses pauses dans les larges ports qui rompent la monotonie des thèmes robustes des massifs granitiques. Cet horizon inscrit dans le ciel l'immense rythme d'une musique bleue qui enchante le regard. Enchantement qui pour s'accomplir s'efforcera de comprendre, au-delà du paysage observé, l'âme du milieu naturel et humain dont il est l'œuvre en perpétuel devenir. »
(Patrice de Bellefon)

Et Bernard Clos de préciser : *« Rien n'égale une belle journée d'automne dans ces montagnes qui ajoutent à leur majesté le charme particulier de leur lumière, déjà célébré ainsi par Michelet : "Leur sublime est dans la lumière, dans les ardentes couleurs, dans les éclairs fantastiques dont les couronne à toute heure ce monde âpre du Midi". »*

Toujours vaillante et imperturbable, notre planète poursuit sa course elliptique autour du soleil, à folle allure (29,8 km/s !). Elle a déjà parcouru plus de la moitié de sa ronde. Après le solstice d'été (21 juin), la quantité d'éclairage solaire et donc sa chaleur émise baissent progressivement (du moins sur notre hémisphère Nord) jusqu'au solstice d'hiver (21 décembre), pour reprendre de la vigueur au-delà de cette date.

Le montagnard n'a pas besoin de calendrier pour comprendre que… l'air fraîchit et que les jours raccourcissent ! Déjà, une première indication « florale » lui sera donné à la vue des colchiques qui parsèment, mais très espacées, les prairies. Nous sommes aux portes de l'automne.

CI-CONTRE
La vallée de la Barousse (Hautes-Pyrénées),
serrée entre les grandes vallées de Luchon et d'Aure, a conservé son caractère campagnard, paisible, isolé, loin du bruit et de la foule. Le petit village d'Aveux et les collines se parent peu à peu des teintes de l'automne.

EN PAGES SUIVANTES
Bivouac au sommet du Pichaley (2 626 m), Hautes-Pyrénées.
Le froid nocturne n'agresse pas violemment le campeur, mais doudoune, capuchon et bon sac de couchage sont de rigueur. La haute montagne se pare, elle aussi, de teintes étranges à dominante pastel, propres à cette saison. À gauche, pointu : le pic Long (2 192 m) ; au centre-droite : le Néouvielle (3 091 m).

L'automne ? Une saison bien à part : les Pyrénées changent !

La transition sera si lente, si imperceptible, que pour en prendre conscience il nous faudra remarquer, un beau matin, les grands sommets tout blancs de neige, sentir un petit air frisquet ou bien revenir dans la vallée à pas rapides, inquiets d'être surpris par la nuit, car nous n'avions pas pensé encore qu'une frontale glissée dans le sac à dos pouvait s'avérer indispensable !

Que de randonneurs surpris ont dû passer une nuit… blanche dans un canyon (où l'obscurité tombe encore plus vite), dans une forêt épaisse ou au cœur d'un cirque, sans sac de couchage, sans vivres pour le soir !

« On a failli mourir de froid à petit feu », m'avait avoué un jour une équipe de randonneurs, que je rencontrai, les yeux cernés par le manque de sommeil. Mais le ton humoristique prouvait qu'ils ne voyaient déjà que le bon côté de cette mésaventure… un souvenir à raconter aux copains !

Veste matelassée, gants, bonnet et frontale ne quitteront plus le sac à dos.

Comme un coup de fouet, ce changement de saison nous donnera un regain d'énergie – si besoin était – pour repartir de plus belle vers les cimes, même si les départs et les retours doivent se faire à la pile électrique.

Les neiges précoces, qui mettent bien en relief les couloirs et les arêtes, ne tiennent que quelques jours, vu leur faible épaisseur ; elles ne gênent en rien les ascensions. Une fois le sommet atteint, le paysage prend une allure de haute montagne, grâce à ce nouveau revêtement lumineux. Une occasion – encore ! – d'aller planter sa tente sur quelques pics !

Par ces conditions où la chaleur n'est plus caniculaire, la pureté de l'atmosphère porte la netteté des montagnes jusqu'au lointain horizon. C'est un plaisir renouvelé, une redécouverte des Pyrénées que de les scruter, les étudier, jumelles aux yeux; plaisir encore pour le photographe de saisir sur la pellicule (ou sur la carte mémoire… numérique oblige!) des paysages de toute beauté.

Le départ de ces excursions emprunte, la plupart du temps, des montées sous bois. Quelles lumières, quelles couleurs alors jalonnent ces marches matinales sous le feuillage des hêtres, des châtaigniers, des bouleaux… Les jaunes, les ocre, les bruns, les rouges brillent, scintillent, percés par les rayons solaires aussi minces, mais puissants à la fois, que les faisceaux des projecteurs. Les feuilles mortes craquent sous les pieds, les chants des oiseaux animent les forêts; on devient vite poète!

Une arête atteinte, un col franchi, et c'est l'enchantement de surprendre les mille teintes des buissons et des arbres d'espèces diverses qui recouvrent les versants de granit ou de calcaire.

Des voix, des appels montent du fond des vallons ou des premières pentes: «Ohé? Venez! Il y en a plein, ici…» Les chercheurs de champignons, panier ou sac à la main, zigzaguent, tête baissée, attentifs à déceler sous les tapis de feuilles mortes, dans les herbes ou entre les bois morts, le cèpe, la trompette de la mort, la coulemelle, le lactaire délicieux…

Le soir, à l'orée des forêts, dans les derniers jours de septembre, les cerfs vont en tous sens, imprudemment, même. La tête renversée en arrière, leurs bois touchant presque le dos, ils lancent leurs cris prolongés, graves, profonds: c'est l'époque du brame. Toute la montagne résonne de ces longues plaintes puissantes. Le cerf cherche sa femelle; si d'autres mâles errent dans les parages, le brame sera plus fort, plus intense pour éloigner les concurrents. Si cette intimidation n'a aucun effet, ils s'affronteront. Les combats, bois contre bois qui s'entrechoquent avec des bruits secs, ne durent que quelques minutes; ils sont rarement mortels.

Plus haut en altitude, les isards mâles se poursuivent au risque de dégringoler dans des gorges abruptes. Ils défendent leur territoire et partent, eux aussi, à la conquête des femelles.

CI-CONTRE

Dans la vallée de Soussouéou (Pyrénées-Atlantiques).

Il faut attendre l'automne pour profiter pleinement d'une randonnée sylvestre. La lumière tamisée et colorée d'or par le feuillage est un émerveillement.

Les feuilles mortes craquent sous les pas, les arbres dénudés ne sont qu'alignements de troncs blancs et lisses; seules quelques herbes tenaces et quelques mousses ajoutent un peu de couleurs et de vie. Heureusement, ragaillardis par la douceur d'octobre, les oiseaux volettent et chantent encore.

Au fond du vallon profond et encaissé de Planque (massif d'Arbas, en Haute-Garonne), le soleil ne s'y infiltre plus. Traverser ses sous-bois, c'est se croire transporté au cœur même d'une forêt amazonienne.

Campols, village abandonné, dans le Haut-Aragon. Son exposition au sud le protège encore des froidures de la saison. L'automne s'installe avec un peu de retard.

Aux teintes uniformes de la saison s'ajoutent les lumières dorées du soleil levant. Malgré l'altitude de ce petit village de Pervès (1200 m), en Catalogne, la douce chaleur en rend encore le séjour agréable… avant les premières neiges.

CI-CONTRE
Le massif du Néouvielle (Hautes-Pyrénées), si fréquenté en été, retrouve quiétude et solitude. Les neiges avancées blanchissent les pentes sommitales, les prairies ne sont plus qu'herbes jaunies par les chaleurs de l'été et rasées par les bêtes qui y pacageaient.

Que de couleurs et de vie, dans ce Val d'Arizes (Hautes-Pyrénées) qui, de la vallée de Gripp, s'appuie très haut sur les murailles du Pic du Midi (2 872 m), au loin, tacheté par la neige précoce et timide. Autour des cabanes de Tramezaygues quelques troupeaux épars profitent des dernières journées de liberté dans les pâturages. (Photo Isabelle Jolfre)

L'automne ? Le sauve-qui-peut général !

DÈS OCTOBRE, DES « NUAGES » DE PALOMBES se découpent dans le ciel. Des centaines, groupées, serrées, désertent la France, franchissent les Pyrénées pour des régions plus accueillantes durant l'hiver. Soudain, dans le silence de la montagne, des coups de feu claquent dans la courbe d'un col ou le long d'une croupe gazonnée. Les chasseurs entrent en action ! La chasse à la palombe est une tradition, un plaisir ; pas du tout un plaisir malsain de tuer, mais de rencontrer des amis, de bavarder, de casser la croûte ensemble et de faire passer de main en main une gourde de bon vin… ou d'affreuse piquette ; le plaisir aussi de ramener à la maison quelques-uns de ces pigeons, pour un repas en famille.

L'un des chasseurs fait le guet, jumelles rivées sur les yeux. « Attention ! Il en arrive… » En un clin d'œil, tout le monde se disperse et chacun rejoint son poste, tapi derrière une haie façonnée ou un muret en pierres.

L'automne est donc la saison des migrations pour beaucoup d'oiseaux. Ces grands déplacements, répétés annuellement depuis la nuit des temps, ont toujours intrigué les ornithologues. Bien que totalement étrangère aux Pyrénées, citons la sterne arctique qui détient le record de la plus grande migration en parcourant environ 17 000 km aller (soit 34 000 km aller-retour !), en faisant la navette entre les pays arctiques et l'extrême sud de l'Afrique.

L'hirondelle est bien « l'oiseau-emblème » de la migration. Se regroupant sur les fils (c'est bien connu !), elle se met en route pour l'hémisphère Sud. Le martinet s'envole aussi pour l'Afrique méridionale. Les cigognes et les fauvettes prennent également la même destination.

Les canards, les oies, les grues, les étourneaux, les grives entreprennent encore de longs voyages. Les grues, par exemple. Chaque année, plus de 70 000 individus franchissent les Pyrénées, parcourant plus de 2 000 km, depuis les régions du Nord (Suède, notamment) pour hiverner dans la péninsule Ibérique. Le Comminges, les vallées d'Aure et d'Aspe sont leurs passages préférés.

Certains rapaces, eux aussi, migrent dans les pays chauds, mais ces mouvements ne sont pas réguliers et, de ce fait, sont mal répertoriés. Le vautour fauve (surtout les jeunes) rejoignent l'Afrique, tandis que les adultes restent parfois sur place. Le percnoptère d'Égypte, contrairement à ce que laisserait supposer son nom, se réfugie en Afrique pour échapper au rude climat.

Mais beaucoup d'oiseaux se contentent de petits déplacements, se réfugiant dans des zones plus accueillantes, attirés par la douceur de la température ou (important !) la nourriture. Le grand tétras, par exemple, mange en été des graines et des feuilles ; en hiver, ces aliments étant sous la neige, il recherche les forêts de conifères pour profiter de leurs aiguilles.

De même, on ne peut parler de véritables migrations pour les pinsons, les mésanges et autres passereaux.

Les oiseaux ne sont pas les seules espèces à regagner les quartiers d'hiver. D'autres animaux, s'ils restent sur place, hivernent et hibernent même.

La marmotte se prépare à un long sommeil. Déjà, vers la mi-septembre, elle se livre à la fenaison en coupant des herbes et en les laissant sécher sur place. Puis, elle transporte ce foin (plusieurs kilos) tout au fond de son terrier qui peut avoir plusieurs mètres de développement. Enfin, le froid commençant à s'installer sur la montagne, elle obstrue l'entrée du trou et… s'enfermera pour six mois, avec quelques périodes de réveil, toutefois.

L'ours, lui, rejoint sa tanière où il somnolera plus qu'il n'hibernera. Il effectuera quelques courtes sorties, se baladant et se restaurant quelque peu, pour revenir vite au chaud. Le blaireau connaît aussi le même emploi du temps.

La chauve-souris (le seul mammifère volant au monde), elle, sombre dans une totale hibernation. Suspendue au plafond d'une grotte (toujours la même cavité durant toute son existence), elle s'agglutine en colonie, en essaim pouvant réunir plusieurs centaines d'individus. Durant ce sommeil léthargique, le cœur de la chauve-souris se ralentit considérablement au point de n'émettre que quelques pulsations à la minute. Quant à la respiration, c'est un mouvement toutes les trois minutes, environ !

La nature tout entière se prépare au grand sommeil hivernal. Seul, le montagnard… échappera à cette léthargie, car il sera aussi actif en ces temps proches de l'hiver que sous le soleil brûlant d'août !

À l'approche du grand froid, la chauve-souris hiberne. Elle sombre dans une profonde léthargie. La température de son corps s'abaisse pour devenir sensiblement égale à celle de la grotte (6 °C à 8 °C environ). Parfois, l'air extrêmement humide dépose une condensation qui recouvre tout l'animal ! (Photo Bernard Clos)

EN PAGE 118

Le lac Gentau (1982 m) d'où semble surgir l'austère Ossau (2884 m), Pyrénées-Atlantiques. **Novembre… décembre… Les berges se figent, une fine couche de glace recouvre la surface. En quelques jours, ce lac sera prisonnier de l'hiver.**

EN PAGE 119

L'estany Obago (2242 m), dans le cirque de Colomers (Catalogne). **La pureté étonnante de ses eaux et sa teinte céruléenne confèrent à cet estany attrait et séduction. Mais, lui aussi, à son tour, disparaîtra bientôt sous les glaces de décembre.**

Le lac de Besiberri (1985 m), Catalogne. **À cause de l'étroitesse du plateau qu'il occupe, le soleil l'abandonne très tôt, dès la fin de l'été. La glace le recouvre alors rapidement. Au loin, les Besiberri Nord (3014 m) et du Milieu (3003 m), eux, ne sont pas privés de soleil.**

C'est la saison idéale pour « explorer » les crevasses des glaciers. Celles du glacier d'Ossoue qui, avec ses 59 hectares, est le plus étendu du massif du Vignemale (Hautes-Pyrénées) sont parmi les plus belles, les plus grandes et les plus variées.

Le lent recul des glaciers : une triste cure d'amaigrissement

C'est à cette période finale de l'été où la chaleur fut à son paroxysme que les glaciers apparaissent dans leur nudité, dépouillés des névés et de la neige superficielle. Un vieux montagnard conserve dans sa mémoire des images de glaciers qu'il a traversés il y a quarante ou cinquante ans, et dont l'étendue et les crevasses l'avaient impressionné. Aujourd'hui, ils rétrécissent, se recroquevillent comme peau de chagrin. Phénomène naturel, passager, sans nul doute, car s'ils avancent sur les pentes (la « marche des glaciers » est bien connue et bien étudiée), ils se modifient sous les chaleurs répétées des étés torrides. Ces modifications ne peuvent être que cycliques. Une vie humaine est trop brève pour en avoir une vision sans faille, par rapport à la nature et à ces mouvements qui s'étalent sur des siècles, voire plutôt sur des millénaires.

L'association pyrénéenne de glaciologie Moraine (qui collabore avec CNRS, PNP, et RTM) étudie minutieusement les glaciers grâce à des mesures sur le terrain. Dans le cadre de ses recherches précises et dans le temps, elle a fait appel à des écrits et des illustrations anciennes. L'association Moraine, sous la direction de Pierre René, glaciologue, peut suivre ainsi l'évolution de ces glaciers, avec beaucoup de détails, depuis près d'un siècle et demi, remontant jusque vers les années 1850.

Il sera passionnant et enrichissant de consulter, par Internet, le site Moraine : www.moraine.fr.st. Avec l'aimable autorisation de Pierre René, nous reproduisons cidessous l'inventaire des glaciers pyrénéens de plus de 2 ha, actualisé en 2000.

Les glaciers des Pyrénées

Divers rapports d'étude scientifiques et des bulletins de vulgarisation sont téléchargeables depuis le site Internet de l'association : asso.moraine@wanadoo.fr

Depuis quelques jours, dans les alpages, les bergers lèvent souvent la tête et d'un long regard interrogent le ciel, les nuages, la baisse de température, les sommets récemment enneigés. Il est grand temps de redescendre les troupeaux dans les vallées, de retrouver les familles et les amis quittés en juin ; cinq mois, déjà ! Car ces hommes des montagnes ont beau aimer leurs bêtes, leur travail, la nature, la vie sauvage faite de liberté et d'indépendance, de quiétude… leur isolement, loin de leurs proches, commence à peser lourd.

Sur une des cabanes d'Ansabère (Pyrénées-Atlantiques), le berger a placé au-dessus de la porte une longue planche en guise d'écriteau sur laquelle il a gravé : « Villa des privés d'amour »… Derrière le sourire de cet homme, derrière

Sur le glacier des Oulettes (18,5 ha), au pied de la face nord du Vignemale, les crevasses ne reçoivent que rarement le soleil ; elles ne sont que cassures béantes, grimaces glaciaires. Ces fractures géantes montrent les risques que peut présenter une « balade » sur un tel glacier.

son accueil sympathique, derrière son bavardage amical se cachent son affliction, sa peine, sa détresse aussi, comme une plainte, comme une lamentation.

Les troupeaux redescendus, les cabanes désertées, volets clos, les foules des simples promeneurs revenus dans les vallées, la montagne retrouve une totale solitude et un immense silence.

La neige tourbillonne en volutes, en spirales désordonnées, emportées par le vent. L'herbe, le roc disparaissent, les bois de sapins deviennent processions de moines vêtus de blanches coules, les cimes s'alourdissent sous leur carapace de glace. Le gel tempère la fougue des torrents ; les cascades, amaigries, ne sont plus que filets d'eau. Bientôt, comme des armures sur des guerriers, elles revêtiront, en pans de glace, les murailles verticales.

Les Pyrénées entières semblent dormir. Depuis les plaines jusqu'au sommet des monts, jusqu'aux bornes infinies de l'horizon, tout sommeille.

Mais le montagnard obstiné, amoureux de la nature sous quelle forme que ce soit, fasciné, envoûté par elle, continuera à gravir les pentes, sac sur le dos et piolet à la main, poussé par une force et une attirance inexplicables. Il marchera ainsi, infatigablement, sous un soleil pâle et froid, laissant derrière lui, signe de son passage, ses traces sur la neige… Ses traces fragiles et éphémères qui disparaîtront quelques heures après.

Comme si elles voulaient démontrer qu'il ne doit rien rester après l'intrusion de l'homme, que celui-ci n'est qu'un être fugace, passager, furtif, précaire aussi. Une leçon d'humilité et de respect pour la nature qu'il côtoie. Il n'est que l'invité de la montagne sans en être le propriétaire et encore moins un promoteur fou, un constructeur envahissant de routes et de béton. Chaque coup porté contre elle est une injure ou un blasphème, comme une balafre sur un beau visage…

Massif et point culminant	**Glacier**	**Catégorie (*)**	**Surface projetée**	**Classement**
Massif du Balaïtous *Balaïtous : 3 144 m*	Las Néous	véritable	16 ha	7e
Massif des pics d'Enfer *Pic Central : 3 082 m*	Enfer Central Enfer Oriental	véritable résiduel	8,5 ha 1,5 ha	
Massif du Vignemale *Pic du Vignemale : 3 298 m*	Ossoue Oulettes de Gaube Petit Vignemale Montferrat Clot de la Hount	véritable véritable résiduel résiduel résiduel	59 ha 18,5 ha 5 ha 2 ha 2 ha	2e 5e
Massif Gavarnie – Mont-Perdu *Mont-Perdu : 3 355 m*	Tourettes Gabiétous Taillon Nord Taillon Brèche de Roland Casque Cascade Marboré Ouest Pailla Ouest Pailla Est Astazou Cylindre Mont-Perdu	résiduel véritable résiduel véritable résiduel résiduel résiduel résiduel véritable résiduel résiduel résiduel véritable	2,5 ha 8,5 ha 4 ha 17 ha 3 ha 3,5 ha 5 ha 5,5 ha 4 ha 4,5 ha 6 ha 8 ha 36 ha	6e 4e
Massif du Pic Long *Pic Long : 3 192 m*	Lac Tourrat Pays Baché	résiduel résiduel	3,5 ha 2 ha	
Massif de la Munia *Pic de la Munia : 3 133 m*	Munia Barroude	véritable résiduel	4,5 ha 5 ha	
Massif des Posets *Pic des Posets : 3 375 m*	Llardana Paoules Posets	véritable résiduel résiduel	15 ha 8,5 ha 7 ha	8e

Massif et point culminant	**Glacier**	**Catégorie (*)**	**Surface projetée**	**Classement**
Massif de Perdiguère *Pic de Perdiguère: 3222 m*	Gourgs Blancs Seil de la Baque Ouest Seil de la Baque Est Portillon d'Oô Crabioules Ouest Crabioules Est Maupas Ouest Boum Mail Barrat Graouès	résiduel résiduel véritable véritable véritable résiduel résiduel véritable résiduel résiduel	8,5 ha 4 ha 13,5 ha 5,5 ha 4,5 ha 2 ha 4,5 ha 8 ha 2 ha 2 ha	 9e
Massif de l'Aneto *Pic d'Aneto: 3404 m*	Maladeta Aneto Coronas Barrancs Tempêtes	véritable véritable résiduel véritable véritable	51 ha 81 ha 3,5 ha 16 ha 11 ha	3e 1er 7e 10e
Massif du mont Valier *Pic de mont Valier: 2838 m*	Mont Valier	résiduel	2 ha	

(*) Glacier véritable: glacier présentant des signes caractéristiques d'un écoulement glaciaire (crevasses).
Glacier résiduel: glacier autrefois véritable, mais désormais dépourvu de mouvement.

Source France: P. René
Source Espagne: E. Martinez de Pison

EN PAGES SUIVANTES

Le lac de Tracens (2186 m), Hautes-Pyrénées. **Il fait partie d'un chapelet de lacs éparpillés sur le versant nord du Néouvielle (3091 m). Barré par les pics de Madamète (2657 m), de Tracens (2551 m) et de la Touatère (2530 m), il semble résigné à subir sa « glaciation » toute proche.**

Épilogue

Grâce à la photographie, les Pyrénées et le bonheur « sauvegardés »

« Il n'y a pas de création sans amour,
ni d'amour sans passion. Elle-même génère la création :
celle-ci, pour moi, doit tendre vers le beau.
Le sport est la matière première de ma création
et la philosophie de mon moyen d'expression. »
(Gérard Vandystadt,
directeur de l'Agence de Presse Vandystadt)

Souvenirs, souvenirs…

Les utilisateurs d'ordinateur connaissent la fragilité de leurs fichiers (textes et photos) qui peuvent être détruits ou malmenés par une fausse manœuvre ou… par un virus. Ils savent que les sauvegarder sur CD leur assure sécurité et pérennité quasi éternelle.

De même, il serait regrettable – nous dirons même impensable – de revenir d'une belle ascension ou d'une longue randonnée au milieu de sites et de panoramas superbes sans en ramener des souvenirs matérialisés et immortalisés par la photographie.

Nous vivons dans une époque où l'image est reine. Les souvenirs sont éphémères et se déforment rapidement, les mots ne suffisent plus pour décrire la poésie d'un sous-bois en automne, la beauté d'un lac, l'ampleur et la magnificence d'un panorama.

Heureusement, la photographie est là ! Et la diversité des appareils, leurs résultats excellents obtenus, ajoutent au plaisir de l'excursion. Son « compact » ou son « reflex » autour du cou, le randonneur regarde la montagne avec un œil plus précis, plus curieux, plus attentif.

Quand on goûte les charmes des massifs pyrénéens et que la photographie peut les « ramener à la maison », on ne peut alors que sillonner monts et vaux avec l'appareil à la main !

CI-CONTRE
« Pour le physicien ou le chimiste, la pluie irlandaise, la mer Rouge, le lac Titicaca, la rosée matinale de mon jardin, c'est toujours H_2O. » **(Michel Tournier)**
Alors, ce lac de Rius, en Catalogne, ne serait que H_2O ?

Bien sûr, chacun, pour réussir ses clichés, a sa méthode, ses préférences et son expérience. Si les résultats lui conviennent, c'est que le « montagnard-photographe » maîtrise parfaitement la technique. Aussi ne faut-il pas voir dans le présent chapitre une leçon de photographie, mais simplement des repères, des notes personnelles d'un montagnard qui parcourt la montagne, d'un bout à l'autre de la chaîne, depuis bientôt un demi-siècle. Sans être lassé ni blasé, il en a ramené près de 30 000 diapos, et il continue toujours à accumuler photo sur photo !

Mais on apprend à chaque sortie, on se perfectionne à chaque randonnée, d'année en année.

Photographier double le plaisir de randonner

On n'a que l'embarras du choix. Mais à chaque excursion correspond un type d'appareil bien précis. Part-on pour un long circuit étalé sur plusieurs jours ? Un compact 24×36 est l'idéal par sa légèreté et son faible volume. Il ne faut pas lésiner sur le prix, car un prix élevé est synonyme de qualité. Les photos réalisées avec un jetable à 10 euros sont elles aussi… à jeter !

Un petit Leica C3 (zoom 28-80 mm) pesant 260 g m'accompagne toujours dans ces cas-là.

Le reflex 24×36 demeure l'appareil rêvé, passe-partout, aux multiples possibilités et aux résultats remarquables. Grâce à une gamme d'objectifs bien fournie, tout est possible. En « macro », le botaniste se régalera à capter un edelweiss, une soldanelle, une gentiane, un lys martagon et mille autres plantes. À quelque deux ou trois centimètres de la fleur, que de détails ! Quelle palette de couleurs ! C'est souvent à plat ventre qu'il faudra effectuer la prise de vue, comme si l'on craignait d'effaroucher le sujet. Le flash électronique s'avérera indispensable, d'autant que la rapidité de son éclair (1/1 000 s ou plus) évite tout bougé ; mais un petit flash TTL au faible nombre-guide (12, par exemple), léger, peu volumineux, est le complément parfait pour ce genre de photo. Il sera placé non sur l'appareil mais sur le côté, en éclairage rasant, pour faire jouer l'ombre et la lumière. Une astuce : emportez un petit vaporisateur à parfum rempli d'eau. Une petite giclée sur la fleur, et ce sera la rosée du matin qui gouttera sur les pétales !

Avec un téléobjectif puissant, l'animalier stoppera le vol plané des rapaces évoluant dans le ciel en longues spirales et jouant avec les courants ascendants, que ce soit le vautour fauve, le percnoptère d'Égypte, le gypaète barbu, ou encore l'aigle royal (si rare dans les Pyrénées).

Il guettera la marmotte se chauffant au soleil, sur un rocher à proximité de son terrier. Il rusera avec l'isard, animal gracieux mais craintif, se profilant sur une crête. Jeune, c'est-à-dire débutant et naïf, je l'ai « chassé », mon fusil photographique serré nerveusement, attentif, le doigt sur la détente (déclencheur), couché sur la neige et enveloppé (car il faut ruser) d'un drap blanc pour être inaperçu, attendant qu'une harde veuille bien passer à proximité ! Peine perdue, on s'en doute… Une seule méthode efficace : aller à sa recherche et à sa rencontre. Mais on doit cacher les parties brillantes et chromées de l'appareil (avec de l'adhésif noir, par exemple) pour éviter tout reflet causé par le soleil qui trahirait la présence du « chasseur ».

Lorsqu'on repère l'isard, sur un piton ou dans une combe, il faut étudier la direction du vent, puis ramper parmi les rochers, profiter des buissons et des arbustes. Avec beaucoup de chance, on peut approcher l'animal à une cinquantaine de mètres. À moins, c'est un exploit.

Entre ces deux focales extrêmes (macro et télé), que de possibilités, variées à l'infini ! Sous-bois, cabanes de bergers, troupeaux dans les estives, torrents, cascades, lacs, névés, glaciers, arêtes aiguës, paysages grandioses, panoramas depuis les sommets… Que de sujets fascinants !

Lors d'une ascension, quand le soleil émerge des crêtes, il y a parfois longtemps que l'on peine sur le sentier rocailleux et raide. Si l'on se dirige vers l'est, le paysage se découpe en silhouette. « Méfiez-vous – est-il recommandé aux débutants –, méfiez-vous de ne pas avoir le soleil de face. » Mais c'est justement dans cette situation que l'on obtient des images étonnantes. Attention, cependant : tous les objectifs ne se prêtent pas à ce type de vue, des reflets disgracieux pouvant altérer les résultats escomptés. De plus, il faut se fier au « pif » et non plus à la cellule affolée par la lumière aveuglante.

Un bivouac printanier au sommet du Cabaliros (2 334 m), dans les Hautes-Pyrénées, offre ce beau lever de soleil sur le Moun Né de Cauterets (2 724 m), à gauche, sur le Balaïtous (3 144 m), au centre, et sur le Palas (2 974 m), à droite.

Dans le massif du Mont-Perdu (3355 m), Aragon. **« Tant de soleil fait oublier la terre et chasse les idées noires. L'âme y prend la couleur de la neige. » (Henri Russel)**

Alors, le photographe-montagnard serait-il donc un artiste, puisqu'il faut beaucoup de pratique, d'ingéniosité et, par là, de talent ? Pas du tout : c'est son appareil qui fait tout ! Il suffit de viser et d'appuyer sur le déclencheur. La boutade d'un collègue illustrera cette évidence : « Pour expliquer la réussite d'une belle photo, il y a 50 % de chance, 50 % de hasard. Tout le reste est dû au talent du photographe ! » N'exagérons pas, toutefois ; il est un mérite qu'il ne faut pas lui enlever : le courage.

Devant la majesté d'un lever de soleil en haute montagne, alors que sous la brume et dans les dernières heures de la nuit, la terre se réveille lentement…

Un bon photographe n'est pas un fainéant !

Un exemple ? Lorsque, débouchant sur une crête, il découvre soudain sous ses pieds un lac à la couleur de saphir occupant tout un plateau, il ne doit pas tout de suite « viser et déclencher », mais regarder aux alentours pour dénicher le meilleur emplacement qui lui permettra de saisir le site sous l'angle le plus spectaculaire. Pour cela, il devra souvent s'écarter de l'itinéraire prévu et grimper sur une butte éloignée ou bien s'élever plus loin sur une crête pour mieux dominer ce lac et englober l'alignement de hauts sommets qui serviront de toile de fond. Ou à l'inverse, il devra s'en approcher en perdant de l'altitude (pour remonter et retrouver son chemin, une fois la photo faite), parce que, par exemple, sur sa rive se trouvent une cabane de berger et un troupeau de moutons.

Cette recherche et cette manœuvre coûtent en effort et en temps (bien souvent une demi-heure, et parfois beaucoup plus). Après il faudra accélérer l'allure de l'ascension pour rattraper le temps perdu.

Autre exemple, celui-là extrême : la photographie d'un coucher et d'un lever de soleil depuis un sommet, parfois à près de 3000 m d'altitude, à l'occasion d'un bivouac. C'est là une véritable expédition !

C'est l'hiver qui demeure toujours la saison idéale pour ramener des images fantastiques. Cependant, quels efforts demande une telle entreprise ! L'ascension, pénible, parfois exténuante, dans la neige abondante et souvent profonde, dure de longues heures ; marche lente car le poids du sac à dos dépasse la normale. Et pourtant, tout superflu a été écarté. Seul l'indispensable a été sélectionné : tente, vivres, réchaud, vêtements supplémentaires, sac de couchage, crampons à glace, raquettes à neige… On a l'impression qu'on emporte dans le sac tout l'équipement stocké habituellement à la maison !

À cette charge démesurée de sherpa s'ajoute le matériel photographique, et il pèse, le bougre ! Pour ma part, j'ajoute (encore !), dans mon sac à dos, un gros pied pour la photo de nuit à la lueur de la lune (plus il est lourd, plus il est stable pour les longues poses), un appareil reflex 24×36 ou mieux un « moyen format » ($4^{1/2}$×6 ou 6×7 ou 6×9), avec les trois objectifs classiques (grand angle, normal, télé), un ou plusieurs flashes électroniques pour éclairer le bivouac. Grâce à eux, je peux demander aux copains de déclencher un éclair dans chacune des tentes du petit campement. Le bivouac jaillira ainsi parfaitement en premier plan. Mais tout ce matériel se révèle lourd, très lourd…

Et maintenant ? Le pic ou un plateau sommital atteint, le repas du soir pris bien avant la nuit pour éviter le froid « polaire » qui se renforce d'heure en heure, j'installe mon matériel photo sur le sol (l'isolant de la neige, cependant) et… j'attends. J'attends le spectacle émouvant du soleil s'éteignant derrière l'horizon. Mes compagnons et moi, debout, alignés, regardons dans une même direction, vers l'ouest. Les oreilles piquent de froid, bien que nous ayons la tête enfouie sous la capuche de nos doudounes. Nos moufles protègent un peu mieux nos mains engourdies ; précaution importante car les doigts devront être agiles, bientôt, pour régler l'appareil et manipuler les objectifs.

Lentement, la luminosité diurne se fond dans un voile de brume. Le soleil devient rose, puis rouge comme le sang. Il lance des raies fulgurantes, violentes comme des lasers, sur le moutonnement de pics, d'arêtes acérées fendues par de profonds ravins déjà sombres ou noirs comme une tombe. L'embrasement, si rapide au début, maintenant s'estompe peu à peu. Les nuages de feux, eux aussi, perdent leur éclat et leur magie, puis noircissent. Nous venons d'assister, en privilégiés, à l'endormissement de la terre…

À mi-chemin entre ascension sportive et contemplation mystique de la montagne, le bivouac d'altitude procure à celui qui le tente des sensations et des paysages inoubliables.

CI-CONTRE

Bivouac hivernal au sommet du Pedescals (2416 m), en Catalogne.

Le thermomètre affiche – 21 °C. Mais devant un tel spectacle, l'être le plus fruste devient vite poète…

Le charme est rompu. Alors, en quelques secondes – car le froid s'amplifie –, nous gagnons nos tentes pour nous glisser dans nos duvets. Il ne reste plus qu'à dormir (si l'on peut) jusqu'à ce que la lune se lève et se place au zénith du ciel, c'est-à-dire au maximum de sa puissance. Le sommeil étant très léger, ouvrant fréquemment un œil, on peut suivre sa position par ce point lumineux qui s'inscrit sur le toit de la tente.

Deux heures du matin? Trois heures? C'est le bon moment. Aux premiers mouvements, le givre collé à la toile, dû à la condensation de la respiration, tombe sur le visage et dans le cou. On replace dans l'appareil photo les piles gardées sur la poitrine durant les premières heures afin qu'elles conservent la chaleur (que de déboires sans cette précaution!), on chausse les grosses godasses pour lesquelles on aura pris une autre précaution avant le coucher, celle d'en avoir bien ouvert la tige, de peur qu'on ne puisse les chausser si le gel les a rendues dures comme l'acier.

Quel silence insolite, pesant, impressionnant! Quelle lumière étrange, uniforme, à la couleur du mercure et du plomb! Ambiance si irréelle que nous avons l'impression de nous réveiller sur une autre planète! C'est à cet instant que l'on comprend mieux que ces images fugitives doivent être conservées par la photographie. La mémoire, à elle seule, ne peut enregistrer ces impressions qui se bousculent dans les yeux et dans le cerveau.

Ces prises de vues prennent beaucoup de temps (souvent deux bonnes heures), car le froid terrible engourdit les réactions, les muscles et les doigts. Par pleine lune sur des montagnes totalement enneigées, les réglages sont toujours identiques. L'expérience – acquise par des essais, des échecs aussi, par des tâtonnements – m'a renseigné à leur sujet. Utilisant toujours la pellicule Velvia (Fuji) de 50 ISO, j'affiche f/5,6 pour une pause de 4 min 30. C'est tout simple!

Puis, les yeux gonflés de fatigue, les mains transies et insensibles (car on a opéré sans gants, bien sûr), on s'enfonce dans le duvet, souvent sans retrouver le sommeil, jusqu'à ce que le réveil sonne pour une nouvelle séance qui nous attend encore: le lever du soleil, autre spectacle grandiose, bouleversant, inoubliable.

Émergeant des névés rougeoyants, des crêtes obscures, le soleil apparaît, disque tremblotant, rouge comme la braise. Ver luisant, tout d'abord, il s'élève graduellement pour se découvrir tout entier. Des raies de lumière fusent de toutes parts; les glaciers s'illuminent, les rocs blanchissent. Les sommets surgissent et s'animent. La nature entière s'éveille.

Non! Bivouaquer n'est pas forcément une pénitence, ni un calvaire. C'est un art de vivre, une philosophie, un bonheur suprême, intense, royal.

Et le choix des appareils photos dans tout ça? Compact? Reflex? Quel format? Focales fixes ou zooms? Chaque pratiquant a sa préférence orientée par la qualité recherchée ou par la commodité d'emploi.

Personnellement, en 24×36, mon choix s'est fixé sur Nikon; quatre boîtiers de modèles différents et une dizaine d'objectifs, du 24 mm au 500 mm. Bien évidemment, à chaque sortie un seul boîtier et deux ou trois objectifs suffisent.

Et puis, il y a le «moyen format» qui offre une qualité de clichés hors du commun. Il est utilisé surtout par les professionnels (ou les amateurs passionnés et exigeants) dans le domaine de l'édition. Dans cette gamme-là, le choix est encore vaste.

Le «4 $^{1/2}$×6» donne des photos de grande qualité. Avec trois objectifs (grand angle, normal et télé), ce matériel, auquel il faut ajouter un pied photo costaud, approche tout de même cinq kilos. Le Pentax 645 a ma préférence.

Autre format de valeur théoriquement supérieure: le 6×7. Supérieur en poids, aussi! Fameux pour des prises de vues aériennes (cf. *Les Pyrénées vues du ciel*, Éditions Sud Ouest), sans effort et donc sans mérite, puisque c'est l'avion qui porte tout, mais «intransportable» en haute montagne. Et pourtant, je l'ai emporté quelquefois; mon Bronica GS 1 avec son lot d'objectifs et le pied ont alourdi mon sac à dos de... 7,6 kg!

Le 6×9 n'offre que deux centimètres de plus dans la dimension de ses clichés, pour un encombrement et un poids encore accrus... Aussi, mon vieux Mamiya Super 23 passe plus de temps dans l'armoire qu'au grand air!

Quelle idée saugrenue ai-je eue d'acheter, un jour, une chambre 4×5 inches (9×12 cm), qui, avec un stock de magasins de plans films et son pied monumental, dépassait huit kilos! Heureusement... elle m'a été volée! «Bien mal acquis ne profite jamais»; aujourd'hui, le malfrat – s'il est montagnard – doit me maudire et regretter de ne pas m'avoir pris plutôt mon Leica C3 (poids: 260 g)!

Et la photo en relief? Elle trouve dans la montagne un champ d'action passionnant, illimité. Vieux procédé de nos grands-pères, injustement abandonné (mais pas par tous). Quelle richesse de détails, quelle beauté dans une vue stéréo! Que ce soit à la visionneuse ou sur l'écran, on n'est plus installé chez soi mais transporté en montagne, sur les lieux mêmes!

CI-CONTRE

Qui se douterait qu'à deux pas (deux grands pas) de la France, aux pieds des Pyrénées, entre Navarre et Aragon, existe un véritable désert, le désert des Bardenas. Dépaysement garanti!

Et la photo numérique ?

Il ne s'agit pas d'une mode mais bien d'une révolution technique. Les premiers résultats, il y a une quinzaine d'années, étaient bien grossiers et ne laissaient pas imaginer la qualité extraordinaire d'aujourd'hui. Dans ces derniers mois, les progrès furent si accélérés et la perfection pratiquement atteinte qu'actuellement cette technique est définitivement au point. Les photos sont d'une netteté et d'un piqué extraordinaires. Peut-on maintenant avoir plus net que net et plus piqué que piqué ? Cela rappelle une publicité d'une certaine lessive qui lavait « plus blanc que blanc ». Bien sûr, il y aura toujours des perfectionnements dans les réglages, des petits plus, des commodités dans les manipulations des appareils, d'autant que les fabricants, comme pris de frénésie, innovent, modifient, créent de nouveaux modèles dans le seul but de vendre, vendre, vendre !

Il faudra s'y résoudre d'ici à quelques années : le numérique supplantera l'argentique (la pellicule) exactement comme dans le domaine de la musique, le microsillon a remplacé (et avantageusement) le vieux 78 tours, puis ce fut le tour du CD de balayer ce premier ; comme dans le domaine de l'image le DVD remplace peu à peu le magnétoscope.

Un appareil numérique de bonne marque de 8 mégapixels autorise des agrandissements au format A4 (21×30 cm) d'une qualité stupéfiante. On peut « pousser » même (travail en laboratoire spécialisé) au format 60×80 cm, et encore au-delà, avec une netteté et des couleurs inimaginables, proches (peut-être supérieures) aux résultats obtenus avec une diapo de moyen format.

Certains modèles possèdent un « mode panorama » qui permet de juxtaposer autant de photos que l'on veut pour obtenir un « balayage » jusqu'à 360° ! Puis, par ordinateur, un logiciel accomplit la « fusion » (c'est le terme technique) de tous ces clichés pris à la suite pour former, à la perfection, un panoramique époustouflant.

Le photographe devient indépendant, avec son ordinateur et une bonne imprimante. Mais le numérique bouleverse les habitudes et exige une technique nouvelle, sans aucun rapport avec la photographie traditionnelle. Le traitement des photos, leur classement, leur protection : voilà trois points d'une importance capitale qu'il faut savoir gérer, orchestrer et maîtriser sous peine d'être complètement submergé par des centaines ou des milliers de photos accumulées pêle-mêle sur le disque dur.

Une précaution à exécuter obligatoirement : « sauvegarder » régulièrement les photos (c'est-à-dire faire une copie) en les gravant sur CD. Une fausse manœuvre sur l'ordinateur peut les modifier malencontreusement ou les effacer irrémédiablement. Mais il y a plus catastrophique (et ce terme n'est pas exagéré) : si votre ordinateur est connecté à internet, un virus sur le disque dur peut détruire vos photos bien-aimées !

Pour ma part, je consacre un ordinateur à l'écriture des textes de mes ouvrages et surtout à mes photos (mais je les sauvegarde toujours… en triple exemplaire). Il n'est pas connecté à la prise téléphonique et il n'ouvre jamais des disquettes et des CD qu'on pourrait me prêter et qui, éventuellement, pourraient être infectés. Ainsi isolé, sans relation avec l'extérieur, il ne peut subir d'attaque de virus. Seule une panne ou un blocage du disque dur, par exemple, pourrait créer des soucis, d'où la précaution de sauvegarder mes fichiers.

Un deuxième ordinateur, lui, est réservé à internet et au courrier électronique. Sage mesure car deux ou trois fois par semaine, par branchement sur internet, des virus tentent de s'introduire ! Heureusement que l'antivirus

Le lac de Roumassot (1 845 m) prisonnier des glaces qui se referment sur lui, nuit après nuit. Au loin, se dresse l'Ossau (2 884 m), comme un gardien de la geôle…

CI-CONTRE

Sur les crêtes du Tozal de San Vicenda (2 130 m), Aragon.

Randonner dans un massif immaculé de neige fraîche est loin d'être une balade « pépère ». Marcher encore alors que le jour décline, marcher avec la crainte de ne pas arriver à temps dans la vallée… Et pourtant : « La montagne, c'est le haut lieu du bonheur. » (Henry Russell)

Norton est toujours sur le qui-vive ; il me prévient et chasse les intrus… jusqu'au jour où il aura peut-être une défaillance, d'où cette garantie de ce deuxième appareil.

***

Ainsi, au fur et à mesure des randonnées et des ascensions, la photothèque du montagnard s'enrichit de souvenirs en images, précis et impérissables. La photographie en main ou la projection sur l'écran captive le regard qui fouille alors le plus petit détail. L'œil se porte sur un pic lointain, le scrute ou bien détaille les berges harmonieuses des lacs éparpillés dans leur cirque de granit. Il cherche le sentier qui s'y dirige et s'en approche. Il tente de retrouver l'itinéraire qu'il a composé pour gagner le sommet.

Par la magie de cette vision, il oublie le papier ou l'écran. Son esprit, comme s'il s'échappait du corps, se transporte là-bas, au plus secret du cirque lacustre et sur la cime. Il croit sentir le souffle du vent, entendre le clapotis des vagues sur les rives rocheuses, voir un vautour évoluant dans le ciel en spirales ascendantes, surprendre la course affolée d'une harde d'isards traversant un névé pentu. Il s'inquiéterait presque de l'arrivée soudaine du brouillard franchissant la crête en volutes désordonnées et dévalant dans les bas-fonds, enveloppant sournoisement tout être et toute chose…

Il rêve…

Il rêve ? Le rêve est synonyme de bonheur.

Regarder une photo, c'est donc retrouver et prolonger le bonheur d'une longue randonnée ou d'une belle ascension passée.

CI-CONTRE

Aiguilles de granit et lac à la teinte turquoise composent ce fabuleux décor dans le cirque de Travessani (Catalogne).

EN PAGES SUIVANTES

Il faut savoir circuler dans tous ces cirques lacustres sans autre but précis que d'aller d'un lac à un autre pour comprendre leur ampleur, pour surprendre leurs mille secrets, leurs mille splendeurs et les cimes qui les encerclent.

Table des matières

CI-CONTRE

« Et puisse la Nature conserver encore longtemps, et même toujours, sa robe de fleurs, ses grâces et sa virginité... » **(Henry Russell)**